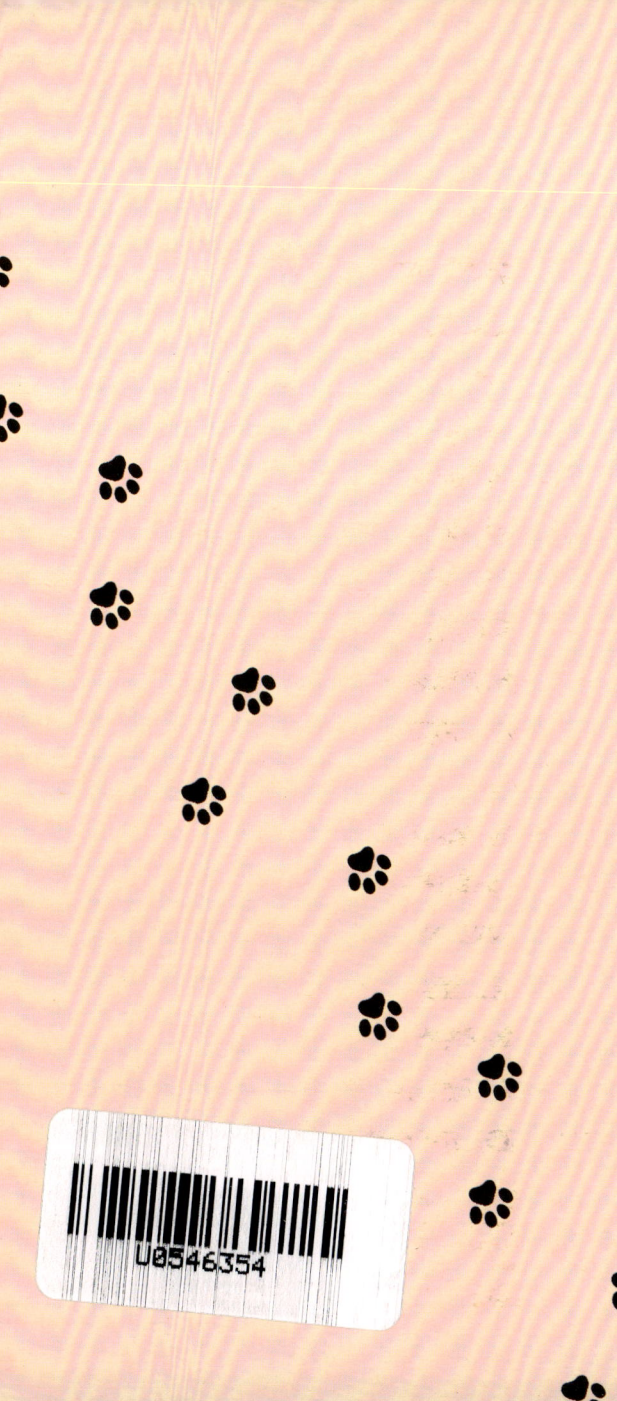

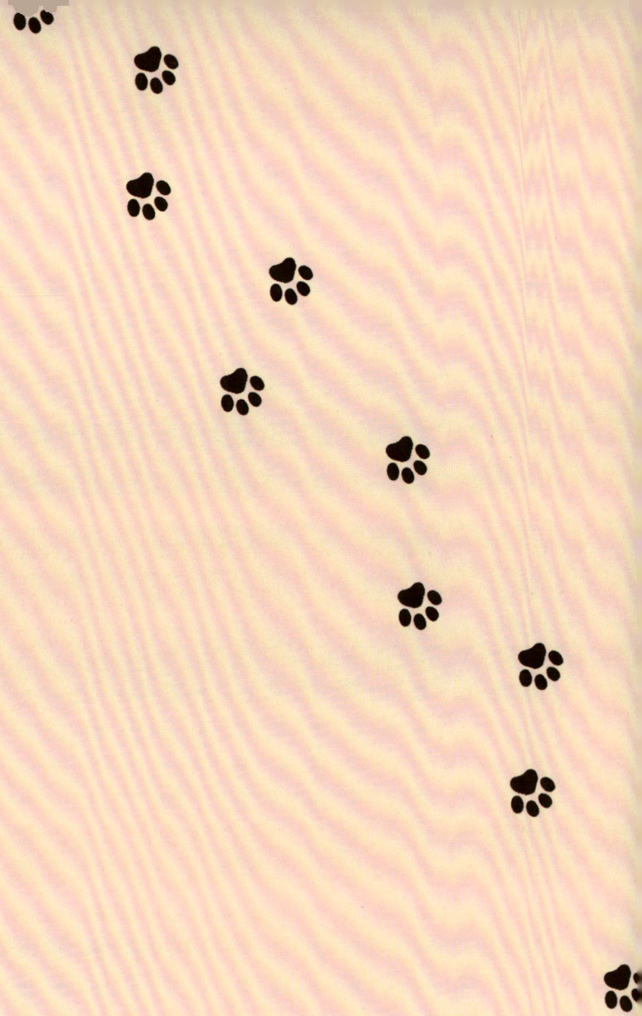

喵星語翻譯蒟蒻

理解貓咪的50個情緒訊號

加藤由子

前言

就在不久前，我家再也看不到貓的身影了。因為，陪伴我的最後一隻貓去世了。考慮到自己的年紀，我已無法再迎接新的貓。所以幾年前我便開始有心理準備，告訴自己當現在的貓離世後，將迎來沒有貓的生活。然而，當「沒有貓的家」真正成為現實時，那畫面過於空蕩，甚至讓我覺得這個家已經停止了呼吸。

由於我在家工作，每天都與貓共度時光。然而，我一直以為自己只是作為飼主，保持著冷靜的距離對待牠們。然而，當我不自覺地喃喃自語：「牠們把我丟下了啊……」時，我驚訝於自己的反應。直到那一刻，我才真正意識到，貓的存在對我而言是如此重要。

從小到大，我家裡一直都有貓，但牠們都是放養的。而我自己也忙著在外頭玩耍，所以每天真正與貓相處的時間其實只有短短幾個小時，牠們對我來說更像是玩伴。直到三十多歲開

始獨自生活，並改為在室內飼養貓後，我才開始真正觀察貓。畢竟，在不算寬敞的公寓裡，貓總是出現在我的視線範圍內，我幾乎可以不費力地觀察到牠們的一舉一動。這些可愛又輕鬆的觀察對象，經常展現出許多讓人忍不住想問「牠到底在做什麼？」的奇妙行為。而試著去推測這些行為背後的含義，對我來說是一件非常有趣的事情。

在貓被放養十分普遍的時代，牠們大多數時間都待在人類視線無法觸及的地方，因此我們對於牠們在外頭做些什麼，其實少之甚少。然而，當貓開始被飼養在室內後，牠們的所有行為都發生在人類眼前。於是，我也發現了一些以前從未見過的行為。有些行為在自然界中或許有其特定的意義，但在家中環境下似乎產生了變化。有時，貓會用一副認真的表情做出一些令人摸不著頭緒的舉動，讓人忍不住捧腹大笑。這些觀察的樂趣，正是與貓共度時光的魅力之一。

此外，整天待在人類身邊的貓，會把人類視為同伴，並對人類展現出與同伴相似的行為。每當我午睡時，貓咪們總是會聚集在我臉的周圍，形成一個「貓團子」。那時候，我不禁想：「牠們是把我當成貓嗎？ 還是……」但每次還沒想出答案，就已經先睡著了。因為當牠們擠成一團時，總會努力把鼻子塞進某個縫隙裡，而那陣陣溫暖的鼻息讓人感到舒適，思考也就此停止。說到底，那個自詡冷靜的我，早已深深沉浸在與貓共度的生活中了。或許正是因為貓的陪伴成為了再自然不過的日常，我才沒有意識到這一點。這樣的生活持續了四十年，然後，畫下了句點。

現在重新思考，我認為我與貓的關係是因為室內飼養而產生的。整天待在一起的相處，培養了類似親子或兄弟般的夥伴意識，而貓咪們對我來說，成為了非常好的夥伴。

與貓這個夥伴的生活充滿了遊戲心態，既豐富又帶有哲理。通過理解貓的行為，我能理解牠們的心情；而理解貓的心情後，當我看到每隻貓獨特的個性時，便不再只是把牠們當作「貓」，而是會以「小圓」、「小虎」或「小小」等確立的身份與牠們相處，這帶來了無比的樂趣。我希望閱讀這本書的人也能感受到同樣的情感。並且，我希望大家能夠珍惜並享受與這些美好夥伴的生活，一直到最後。

2024年2月

加藤由子

目錄

第1章

了解貓咪內心，建立良好關係

01 貓不是在思考，而是在「感受」

「貓在想什麼呢？我好想知道」有這樣想法的人很多。當貓靜靜地盯著你的臉看時，有這樣的想法似乎也不難理解。然而，貓更應該被說成是「在感受什麼」，而非「在思考什麼」的動物。當然，在面對「怎麼才能做到某件事？」這類情境時，牠們可能會稍微思考一下，但大多數情況下，牠們還是依賴直覺。至少可以肯定的是，貓並不會思考複雜的問題。即便牠們看似在凝視某個點，陷入深思，其實可能只是在發呆，然後就會開始打瞌睡了。

我並不是把貓當笨蛋。我希望大家能重視「感受」這一點。如果貓能夠思考複雜的事情，那麼像是「剛才對不起」或是「等一下會給你做某事」這樣的話語就能奏效；但是如果「感受」是主流，那麼「感受到」的事就是一切。而這些「感受到」的積累，會直接塑造與飼主之間的關係。如果貓看到飼主的臉會感到恐懼，那麼與飼主之間的關係只能說是悲慘的。

貓是直接感受喜悅、安心、不安和不滿的生物，與怨恨、嫉妒或惡意無緣。在牠們真實的情感中，貓最渴望的是「安心」。當貓在安心的環境中接受飼主的愛時，牠會感到快樂。換句話說，我們應該理解的是貓的安心感程度。基於這一點，我們需要了解貓感受到的焦慮和不滿，並努力消除那些不安的因素。

貓在想什麼呢？

其實牠們只是發呆而已，然後不久就會入睡。

貓並不思考複雜的事情，
牠們是感覺著開心、不安
或害怕的簡單動物。

02 貓有自己的生活方式

作為寵物代表的狗和貓，從古至今與人類保持著長久的關係。然而，狗和貓的性格完全不同。牠們天生的性格就有所區別。

狗是群居動物，牠們會在群體內建立階層，並在這種上下關係中生活。因此，當狗被人類飼養時，牠會將飼主的家人視為自己的群體成員，並在家族內建立上下關係。狗之所以會聽從飼主，是因為牠將飼主視為群體的領袖。

然而，貓是獨居動物，因此牠們不會建立群體或領袖關係。因此，貓並沒有「服從上級」或「與周圍協調」的概念。理所當然地，牠們不會聽飼主的話，因此常被說成「貓任性又自我」。人們經常形容牠們是「缺乏協調性」、「我行我素」、「善變」、「不合群」，有時甚至被說得相當無理。

但對貓來說，這才是正統的生活方式。牠的祖先就是這樣生活的，這也是貓的身份認同。對於像狗一樣過群居生活的人類來說，狗的心情較容易理解，但我們應該努力去理解，貓並不擁有與人類相同的標準。

理解每種動物所擁有的獨特生活方式，是只有人類才能做到的。正是發揮這種能力，才能與貓建立豐富的關係。作為一位理解者，我們能夠愛貓，並與牠們建立深厚的羈絆。

貓和狗有很大的不同

貓的生活方式

- 自己就是正義　・獨自行動是理所當然的
- 自己保護自己　・討厭的事情就是討厭

狗的生活方式

- 飼主是正義　・想保護飼主的家人
- 想和飼主一起行動
- 就算飼主的命令是討厭的事，也會忍耐

像小貓一樣，依然向飼主撒嬌

那麼，作為獨居動物且與群體意識無關的貓，為何會依賴人類呢？為何會撒嬌、與人睡在同一張床上，一起躺著枕頭呢？那是因為被飼養的貓始終保持著小貓的心態。牠們一生都保持著小貓的心情，直到死亡為止。

在野外，小貓與一同出生的兄弟姐妹和母貓一起生活，依賴母貓、接受照顧，並與兄弟姐妹一起玩耍成長。然而有一天小貓們會被母貓驅逐。儘管牠們希望永遠與母貓生活在一起，但卻無法忍受母貓持續的攻擊，最終傷心地離開母貓。這種情況被稱為「子別離」，而這也成為小貓開始獨立的契機。換句話說，牠們會變得像成年貓，開始建立屬於自己的領地，開始過上獨居生活。

對於被人類飼養的貓來說，飼主會像母貓一樣疼愛牠，照顧牠，並且絕不會將牠趕走。因此能總是保持著小貓的心態。牠們沒有「變成成年貓的契機」或是「開始獨居生活的機會」。因此會一直保持小貓的心情，像小貓一樣依賴飼主，並在與飼主一起玩耍的過程中度過一生。

如果被飼養的貓真的變成成年貓的心態，那麼牠就無法與人類和諧相處了。正是因為貓與人類之間建立了疑似親子或疑似兄弟的關係，才能夠在彼此的交流中共同生活。也正因為貓是「永遠的小貓」，貓與人之間才能夠培養出深厚的愛情。

被飼養的貓一生都保持著小貓的心態

野生的貓會經歷「子別離」。透過「子別離」得以成長為成年貓。

飼主不會將貓趕走，會像母貓一樣一直照顧牠。

因此，貓能永遠保持著小貓的心情，像「小貓」一樣依賴飼主。

人和貓是「親子關係」

人和狗是「領導者與群體成員」的關係。這是貓和狗之間的主要區別。

03 貓和人類的價值觀不同

養貓的人容易將貓和人類視為同一類。也許是因為貓那依賴信任、撒嬌的模樣很容易讓人失去理性。人們會誤以為將牠們視為同類就是愛情的表現。

但是，貓是貓，是與人類不同的生物。貓有作為貓的價值觀，而人有作為人的價值觀，對事物的感知方式各自不同。我並不是看輕貓。不同「物種」的動物都有各自的價值觀，這樣的看法在科學上也是如此。

舉例來說，假設貓在被窩上尿尿。對人類來說，這是「不可思議」的事情，因此會不由自主地認為「貓做了壞事」或「是被故意捉弄了」。所以，會感到生氣並對貓發火。

但是貓並沒有「不能在被窩上尿尿」的概念。所以牠們並不認為自己做了「壞事」。而且，貓也沒有「尿濕了被窩很麻煩」的想法，因此牠們根本無法想像這會成為「捉弄」的行為。

貓之所以只在被窩上尿尿，是因為牠們有某種原因。牠們只是完成了因為尿急而產生的強烈需求，但卻被罵，還要在濕透的被窩前聽到無理的怒罵，這是很不合理的。「壞事」和「好事」的標準在人類和貓之間是不同的。只有當做了壞事的人知道那是壞事時，責罵才會有意義。如果貓不認為自己做了壞事卻被罵，這樣只會扭曲牠的性格。

貓和人的價值觀

上完廁所後，貓會「舔乾淨」自己的屁股。
這是人類無法理解的。

即使在人前也毫不在乎交配。對貓來說這不是「隱私」的事情。

人認為「好吃」的東西，並不一定是貓覺得「好吃」的。

貓並不在乎臉型或身材等外表。

貓不會有「偶爾想去旅行」的想法

「快樂生活」的標準對貓和人類來說是不同的。人類會透過興趣和休閒尋求「非日常」，但貓則希望「保持一樣的生活」。人類會想「偶爾去一個陌生的地方看看」，但貓則認為「我不想去陌生的地方」。如果昨天過得平安無事，那麼今天也希望過得像昨天一樣，這就是貓的心態。

貓是會建立自己領域，並在其中生活的動物。領域是貓熟悉的地方，也是讓牠感到安心的空間。只要待在自己的領域內，貓就能夠放鬆。然而一旦踏出領域，貓就會感到不安並變得緊張。

人類有時會渴望「適度的緊張感」，但貓則希望盡可能地避免緊張，過著放鬆的生活。因此，除非發生特殊情況，貓基本上不會離開自己的領域。會離開的情況通常有三種：一是被敵人追趕時逃跑，二是發情期時因本能驅使而尋找異性，三是為了尋找食物而不得不流浪。

貓根本不可能會想跟飼主一起去旅行。狗認為與飼主在一起是最幸福的事，因此無論去哪裡都願意跟隨飼主。但貓則認為，待在熟悉的環境中才是最好的，因此，即使飼主不在家，牠們也更希望留在自己的家裡。

如果無法理解貓的價值觀與人類不同，並且尊重這種價值觀，就無法讓貓擁有舒適且幸福的生活。無論與貓的羈絆有多深，都必須努力去承認，貓過的是屬於牠們自己的「人生」。

貓不想去陌生的地方

所以，當想帶牠去醫院時，牠會驚恐地叫喊。並不是因為害怕醫院，而是因為害怕被帶離讓牠安心的家。

這就證明了，
哪怕說是「去泡溫泉」，
貓還是會驚慌地叫喊。

由於極度不安，貓只想「先逃再說」。可是一旦在陌生的地方逃跑了，就只會變成迷路的流浪貓。

04 每隻貓的性格都不同

先前提到，貓有貓的天性，狗有狗的天性。然而，並不是所有的貓都擁有相同的性格。就像人類各有個性一樣，貓的性格也是千變萬化，真正可說是十貓十色。

在貓飼料普及之前，貓主要是依靠自己狩獵來生存。即使被人飼養並獲得食物，那也只是家中的剩飯，對於完全的肉食動物——貓來說，這樣的食物營養並不充足。當時習慣被放養的貓，會捕捉老鼠、小鳥或昆蟲，幾乎可以說是靠自己維生。

也就是說，沒有狩獵能力的貓無法長壽。如果無法長壽，留下後代的機會就會減少，因此狩獵技巧差、也就是野性較弱的貓，其基因應該會逐漸減少。大多數貓應該都是擅長狩獵且充滿野性的，而「不像貓」的獨特個體應該相對較少。

然而，隨著1970年代貓飼料開始普及，貓已經不再需要狩獵。也就是說，缺乏野性的貓也能長壽，並有機會留下後代。這些貓開始傳承與野性無關的獨特性格基因。因此，如今的貓展現出各種不同的性格，不再能以「明明是貓卻〇〇」來概括牠們。貓不僅擁有其原本的天性，還發展出多樣的個性。我深信，未來的貓將會變得更加獨特多樣。

十貓十色，有各種性格的貓

以前的貓，若做了這種事，
馬上就會逃到某個地方。

有的貓會對每個人撒嬌，有的貓則只對主人親近，其他人完全不行。

有的貓即使被帶到陌生的地方也不在乎，這在以前是難以想像的。

「握手」的貓。以前甚至沒有人會想到讓貓去做這個。

如果完全安心，就會展現豐富的個性

貓開始展現獨特個性，不僅僅是因為基因的影響。與人之間的距離無論在物理上還是心理上都變得更近，也對此產生了影響。其背景因素包括：與過去相比，寬敞的房屋變少了，核心家庭與單身居住的情況增加，以及室內飼養的普及等。

無論如何，貓現在幾乎總是在人的視線範圍內，經常被呼喚、擁抱。與過去相比，牠們受到了更多的疼愛與珍視，因此能夠安心地生活。正是這種心理上的穩定與餘裕，使貓能夠展現出豐富多樣的個性。

在客廳正中央，貓完全放鬆地四肢攤開午睡，而現在已經沒有任何飼主會覺得這樣礙事了。相反地，他們會覺得「好可愛」，甚至溫柔地說：「就這樣睡吧」，還會為了讓貓睡得更舒服而整理周圍環境。過去的貓，絕對不會選擇在有可能被踢到的地方進行午睡。簡而言之，現代的貓幾乎毫無警戒心，正因為沒有警戒心，才能發揮出獨特的能力。可以說，牠們將原本用於警戒的精力，轉而用在其他領域。

當貓發出「喵～」的叫聲時，飼主會馬上回應：「怎麼了？」接著還會問：「你是想要那個嗎？」、「想讓我這麼做嗎？」於是，貓逐漸學會了如何透過不同的叫聲來表達需求，讓飼主作出「正確」的反應。牠們也會記住，應該做出什麼樣的動作，才能讓飼主按照自己的要求行動。

因為受到疼愛與珍視，貓將逐漸進化成越來越獨特的存在。

因為受到珍視，貓會不斷進化

以毫無警戒心的狀態午睡

把原本用來警戒的精力轉用到其他領域。
也就是說……

透過改變叫聲來表達需求，貓學會了讓飼主「正確」回應自己。於是就這樣一步步進化成越來越獨特的貓！

05 原本，貓一歲時就已經是成年了

貓的壽命大約在15年左右，因此貓到了7～8歲時，已經可以算是名副其實的中年了。市面上有許多標示為「7歲以上適用」的貓飼料，這是因為「7歲是一個分界點，應該開始重新考量飲食習慣。如果還是和年輕時吃相同的食物，可能會有生活習慣病的風險哦！」在這一點上，關於營養學的觀念，貓和人基本上是相同的。

言歸正傳，若7～8歲已是貓的中年，那麼幾歲的貓才算成熟呢？有些人可能會這樣想。成熟基本上是指性成熟的時期，而貓的性成熟大約是在出生後1年左右。和人類一樣，也有早熟的貓或是比較慢熟的貓，但大多數情況下，大約在出生後10至13個月左右。

那麼，貓的「童年時期」是如何的呢？比如，貓出生後的1個月，相當於人類幾歲呢？我們有一個參考的標準來考慮這個問題。那就是將每個成長階段進行對比的方法。

首先，貓的乳牙開始長出的時間約為生後2～3週，而人的乳牙則大約在生後6～8個月開始長出。因此，我們可以認為，貓的生後2～3週大致相當於人的生後6～8個月。貓的乳牙在生後1個月左右長齊，而人的乳牙大約在2.5歲時長齊。貓的恆齒大約在生後6個月長齊，而人的恆齒則在約12歲長齊。因此，我們可以將這些階段大致對應起來。透過這種成長發育階段的對比，可以作為一個大致的參考標準來判斷。

至於性成熟之後的階段，則可以根據雙方的平均壽命，透過簡單的換算來推測對應的年齡。

對比貓與人的年齡來思考

①誕生

雙方皆為0歲。

②出生後2~3週，乳牙開始長出。
出生後約1個月乳牙長齊。

人類則是在出生後6~8個月開始長乳牙。

③出生後約3個月，開始長出恆齒。
出生後約6個月恆齒長齊。

人類則是在約12歲時恆齒長齊。

④貓的性成熟
約在1歲左右。

人類則約在15~18歲左右。

作為參考的貓年齡速查表

貓	2週	1個月	3個月	6個月	12個月	15個月	18個月	2年
人	6個月	2歲	5歲	12歲	18歲	20歲	22歲	24歲

※2年之後，每過1年相當於增加4歲的人類年齡。

06 絕育手術並不會傷害貓的尊嚴

貓並沒有自己是公貓還是母貓的認知，也無法理解交配、懷孕和生產之間的因果關係。當發情時，牠們只是遵循本能去尋找異性，並按照本能進行交配。而母貓則會依照本能築巢、生產，並撫養小貓。這一切都已經被本能預先設定，貓只是單純地遵從這些指令，並不存在任何理性的思考或推理。

如果本能的指令沒有被觸發，貓就會處於「沒有指令的狀態」，而沒有與性衝動相關的指令時，牠們就完全不會與性行為產生任何關聯。即使看到其他貓正在交配，牠們也應該不理解那在做什麼。

接受絕育手術的貓會保持在性成熟前的小貓狀態，與性衝動完全無緣。貓不會想著「以前自己是公貓」，甚至根本不會去思考「公貓是什麼？」。牠們既不理解去勢手術是什麼，也不知道自己經歷了什麼，甚至很快就會忘記自己曾接受過手術。因此，進行絕育手術絕對不會傷害貓的尊嚴。

另一方面，進行絕育手術帶來的好處非常顯著。不僅能夠控制繁殖，還有許多因素能讓貓更加健康並延長壽命。過去，貓的平均壽命大約只有5年，而現在則延長至約15歲。其中一個關鍵原因，就是絕育手術的普及。希望大家能關注這一點。

未進行絕育手術的貓所面臨的危險

為了尋找異性而失去理智，
發生意外的風險極高！

公貓間的爭鬥咬傷、交配時
的咬傷，可能導致嚴重的傳
染病！

可能罹患子宮蓄膿症等生殖
系統疾病，年長的母貓甚至
可能患上乳腺腫瘤。

深夜嚎叫擾亂鄰居，惹怒
別人也是無可厚非的事。

07 即使是不喜歡被抱的貓，也能改變

貓的性格各有不同，有些貓非常喜歡被抱，而有些則完全不喜歡。每次抱牠時，如果牠總是用前腳推開你表示抗拒，即使想尊重貓的意願，心裡還是會感到難過。不禁會有「偶爾讓我抱一下吧」這樣的心願，甚至忍不住想問：「能不能改掉討厭被抱的習慣呢？」這樣的說法聽起來彷彿討厭被抱是個壞習慣。若是真正想尊重貓的感受，應該說：「能不能讓牠變得喜歡被抱呢？」才對。

是有方法的。即使貓不喜歡被抱或被觸摸，許多貓對於主動去碰觸人卻並不抗拒，而這正是可以加以利用的地方。

首先，讓我們等到冬天來臨。然後，在寒冷的日子裡，不開暖氣，坐在沙發或地板上。如果坐在地板上，最好盤腿而坐。貓因為想在溫暖的地方小睡，應該會跳到你的膝蓋上。貓這種生物在尋找溫暖或涼爽的地方上有著卓越的能力。

當貓跳上來時，不要伸手去碰牠。讓貓按照牠的意願，僅僅提供你的膝蓋讓牠安躺。過一會兒，貓會開始沉睡。這時，可以輕輕地將手放在牠身上，享受抱抱的感覺。如果貓突然醒來，就把手收回，裝作不在意的樣子。

在每天的練習中，貓會逐漸習慣被觸摸，也會開始能夠被抱在胸前。然而，這是需要幾年時間來慢慢讓貓適應的過程，所以一定要耐心，切勿急躁。同時，也要小心不要讓貓著涼。

不讓我抱的貓該怎麼處理

討厭被抱的貓通常也
不喜歡被人觸摸。

但對於自己觸摸人類
則不會抗拒。

即使貓過來觸碰你，
也不要伸手，讓牠做
自己想做的事。

如果只當作「墊子」的話，
牠可能會跳到膝蓋上。如果
熟睡了，可以輕輕觸摸。

在這樣的過程中，牠會慢慢習慣的。

08 如果喜歡被抱，就進行全身按摩

喜歡被觸摸的貓，可以將全身按摩作為日常習慣。貓的穴位基本上和我們一樣，因此可以按摩那些讓牠覺得舒服的地方。當貓露出愉悅的表情時，那裡就是牠的穴位。

首先，輕輕地用指腹沿著毛髮的生長方向撫摸貓的臉部。如果貓露出「還要更多」的表情，那就集中按摩那個部位。輕柔地指壓眼窩（眼球所在的顱骨凹洞）也是不錯的選擇。我們按壓這裡時會覺得舒服，貓似乎也會有相同的愉悅感覺。

當臉部按摩結束後，接著從額頭的中央開始，向頭頂部進行指壓。顱骨上有一些像筋脈一樣突起的部位，當用指腹輕輕按摩這些部位時，貓會露出「不錯」的表情。

接下來是從脖子到背部的按摩。肩胛骨兩側的區域似乎特別舒服。接著，輕輕握住前腳和後腳進行按摩。記得在按摩時，心中默念「變得健康起來～」。

最後，將貓仰躺在膝蓋上，並用「の」字形的方式按摩牠的腹部。請從正面看貓的肚子，像寫「の」字那樣進行按摩，因為這是腸道內部活動的方向。請使用整個手掌來進行按摩。對於便秘的貓來說，這樣的按摩相當有效，即使不是便秘，貓也會露出「很舒服～」的表情。

貓的性格不同，建立情感的方式也各不相同。

良好的按摩方法

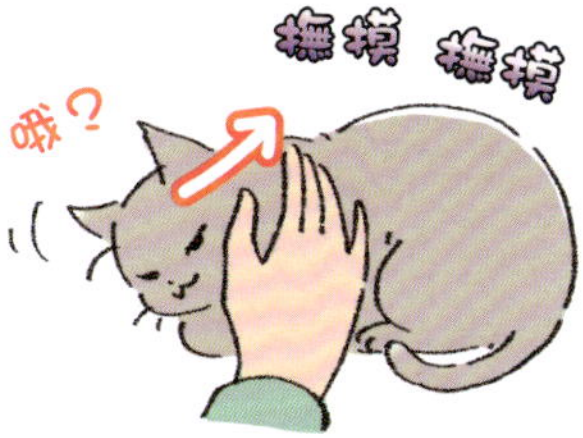

根據毛髮的方向，用指腹輕輕地撫摸臉部。

從額頭中央到頭頂部進行指壓。

從脖子到背部進行按摩。肩胛骨之間的指壓也相當受歡迎。

手和腳輕輕握住。

在膝蓋上做腹部的「の」字型按摩。

09 有些地方是不太想被觸摸的

貓的腳底肉球又軟又彈，十分有吸引力，讓人忍不住想觸摸，但在大多數情況下，貓被碰到肉球時會迅速收回。看起來像是「不喜歡」的表現，但實際上並非討厭，而是因為肉球非常敏感，所以牠會不自覺地縮回來。就像人類被觸摸到敏感部位時，也會不自覺地縮回一樣。

肉球的皮膚比其他長毛的部位厚一些，但皮膚內有許多神經，非常敏感。正因為敏感，貓才能在不穩定的地方靈活地行走。如果腳底不夠敏感，就容易在崎嶇不平的地方跌倒。再者，肉球由脂肪和彈性纖維組成，因此能夠讓腳底緊密地貼合不平的表面。

此外，貓的肉球還具有防滑的機能。當貓緊張時，肉球會出汗。貓的身體除了肉球以外沒有汗腺。貓的汗水並非用來調節體溫，而是為了防止滑倒。我們人類在緊張時也會出汗，這與猿類相似，猿類在爬樹時會出汗以防滑倒。貓肉球的汗水也是同樣的原因。

此外，柔軟且敏感的肉球使貓能夠在狩獵時悄無聲息地接近獵物。它也充當了消音的緩衝物。貓的肉球是由如此多的纖維構成，發揮著高端的功能。它不可能不敏感。然而，敏感的同時，這也意味著只要輕柔地觸碰，它也會感到「舒服」。當飼主帶著愛意輕輕觸摸時，貓會張開大大的手指，露出滿足的表情。但它無法忍受粗暴的觸碰方式。

肉球的秘密

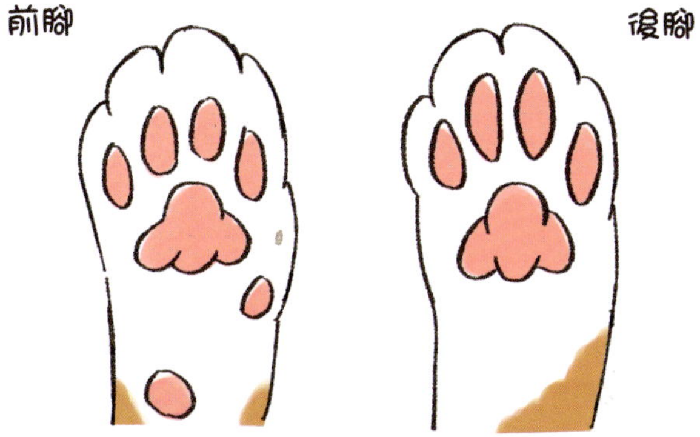

柔軟的正體是脂肪和彈性纖維。
肉球的皮膚雖然厚，但非常敏感。

因此，貓能夠在任何地方行走。
肉球分泌的汗水也有防滑的作用。

柔軟的肉球還能充當悄無聲息行走的緩衝墊。

10 跟著進浴室是「結伴習性」

以前，喜歡跟著主人進浴室或廁所的貓並不多，但近年來卻越來越多了。這是因為貓與飼主之間的羈絆形式發生了變化。

正如第16頁所述，家貓的一生中，飼主就像母貓一樣持續提供食物，像母貓一樣疼愛牠，從不會將牠趕出去。因此，無論貓到了幾歲，依然保有像小貓一樣的心態。牠們會像小貓般向飼主撒嬌，也會一直像幼時與兄弟姐妹玩耍一樣互動。

然而，若是放養的貓，當牠們外出時，才會切換到成貓的心態，因為在外面的世界，牠們必須獨立應對各種情況。但對於完全生活在室內的貓來說，則完全沒有這樣的需求，因此能夠24小時都維持著小貓的心態。當牠們肚子餓時，會把飼主視為母貓來撒嬌，而當牠們吃飽後，則會將飼主視為兄弟姐妹，試圖一起做些事情。

小貓們玩耍時，通常會有一個「發起者」，當某隻貓開始做某件事，其他貓往往會跟著一起「湊熱鬧」。對貓來說，當飼主去浴室或廁所時，也是一種「發起者」的行動，因此牠們會想要「一起行動」，跟著過去。這種「愛湊熱鬧的習性」在室內飼養的貓身上表現得特別明顯，尤其是單獨飼養的貓，這種行為更為強烈，因為牠們更容易將飼主視為自己的兄弟姊妹。

例如，當飼主打開抽屜找東西時，貓也會湊過來，好奇地想知道：「裡面有什麼？讓我也看看！」隨著室內飼養的貓越來越多，貓與飼主之間的兄弟情誼也變得更加緊密。請以「發起者」的兄弟自覺來面對這種行為，並好好享受與貓之間的互動吧！

室內飼養的貓的心情

當貓不餓的時候，會把飼主當作兄弟，並試圖參與兄弟正在做的事情。

喔，你們在一起做什麼嗎？
讓我也一起參加！
什麼什麼？我也要加入！

我只是要去廁所……
你要去哪裡？帶上我！

「愛湊熱鬧的習性」不只體現在洗澡，還會在上廁所、找東西等情況發生。請以兄弟的心態來面對，並好好享受吧！

11 突然咬人是「一起玩吧！」的訊號

突然，貓撲向手並咬了下去。一旦說「不要這樣！」地責備牠，反而變得更加興奮，繼續咬下去。最近，越來越多人困惑地問：「這到底是怎麼回事？這樣沒問題嗎？要怎麼讓牠停止呢？」這種情況在室內飼養、且是獨自飼養的貓身上特別常見。

我們往往會認為「咬人」等同於「應該制止」。因此，總是只想着「該怎麼讓牠停止」，但在此之前，更重要的是先思考「為什麼會咬人」。

貓咬人其實是在發出「來玩打鬥遊戲吧！」的信號。小貓們會突然從背後撲向兄弟，然後咬住，這就是「來玩吧！」的訊號。而被咬的貓則會反擊說：「你幹嘛！」，這代表「OK，開始玩！」。換句話說，當貓咬住主人的手，其實是在邀請遊戲。如果對牠說「不准咬！」並加以斥責，對貓來說，這反而像是「OK，可以玩！」的訊號，因此讓牠更加興奮，變本加厲。特別是那些獨自生活的室內貓，會更容易把飼主當作自己的兄弟，因此這種行為更為常見。

如果飼主真的動怒，並且多次用力打貓，貓最終確實會停止咬人。但這並不代表牠被成功訓練了，而是因為牠不再把飼主當作朋友了。貓本來渴望建立的羈絆，卻被飼主親手斷絕，這是多麼令人心痛的事啊。

請珍惜貓對飼主的同伴意識。「該怎麼糾正？」並不是應該思考的問題，而是「該如何接納這份心意，並與貓建立更深的羈絆？」才是我們真正該考慮的。

咬人是表達同伴意識的方式

與兄弟貓一起生活的貓，

跳

來玩吧！

以此作為信號。

會突然跳向貓兄弟。

被單獨飼養的貓，

哇！
咬

來玩吧！

會將這份心情，
投射到飼主身上。

不行！

如果這時飼主大聲訓斥，
貓就會不再把飼主當作同伴。

原來不是同伴……

透過「打鬧遊戲」來提升氣氛

那麼，我們該如何接納貓「想一起玩」的心情，並與牠建立起更深的羈絆呢？答案只有一個，那就是把自己當作貓的兄弟，與牠一起玩耍。沒有其他方法。

當貓咬過來時，請站在貓的立場，用「你在幹嘛啊！」的態度反抗一下。貓會因為「遊戲時間正式成立！」而欣喜若狂，接著興奮地更加用力咬過來。最簡單的應對方法，就是張開手掌，伸到貓的臉前，然後直接抓住牠的臉。貓會非常生氣，但不用擔心，因為這只是遊戲中的生氣。貓的遊戲本來就是「打鬧遊戲」，如果沒有「看起來像在生氣」的氣氛，那就不算是真正的遊戲了！

貓會把耳朵往後貼，收起下巴，擺出一副「戰意滿滿」的架勢，然後鎖定目標，猛然咬過來。貓總是特別愛狙擊人類的手，所以請在牠咬下去的0.01秒前，以絕妙的時機把手抽開。這種「差一點就成功卻失敗了！」的情境非常關鍵，會讓貓興奮不已，玩得更加投入！

相反地，不抽手，而是握拳讓貓咬住也是一種方法。讓牠咬著之後，再輕輕往前推。貓會變成「啊嘎嘎嘎……」的樣子，但這種攻防拉鋸正是遊戲的樂趣，貓能夠完全理解這種互動。請盡情嘗試各種攻防策略！只要人類覺得好玩，貓也會感受到那份樂趣，並且玩得更加開心。

最後，說一句「好啦，結束了！」然後站起來，開始做完全無關的事情。貓也能理解這個訊號，並且自然地結束「遊戲時間」。

與貓玩「打鬧遊戲」的方法

要來嗎？
哦？
咬住

當貓咬過來時，甩開牠。
這樣就正式進入遊戲時間！

★抓住貓的臉。

嘿！
哇！這傢伙！

貓興奮到不行！

★迅速抽手。

啊！
嗖

掌握完美時機，讓遊戲更加刺激！

學會與人類遊玩後，貓也會用這種方式邀請你。

想來就來啊！！
戰鬥模式
哇，好厲害……！

12 因「模擬狩獵」感到開心的理由

貓天生就具有狩獵本能。從牠們剛開始能看見東西時，就會對移動的物體伸出爪子，試圖捕捉，這正是狩獵本能的表現。無法抗拒對移動物體的反應，無法抑制想要捕捉的衝動，這種「衝動」正是狩獵本能的本質。

正因為這種衝動，貓從小貓時期就會對移動的物體產生反應。雖然一開始無法成功捕捉，只是在玩耍，但隨著不斷嘗試，技巧會逐漸提升，直到最終能真正捕捉獵物。只要這股狩獵本能的衝動存在，即使沒有人特別教導，貓也會自然而然地成為狩獵高手。

那麼，支撐這種衝動的是什麼呢？答案是滿足感、樂趣與喜悅等快感。本能驅使的衝動在被滿足時會帶來快感，正因為有這種快感，動物才會為了滿足衝動而行動。簡單來說，就是「因為覺得有趣」才會去做。正因為覺得有趣，小貓才會伸手去抓移動的物體；也因為覺得有趣，成年貓才會真正進行狩獵。雖然家養的貓不需要靠狩獵維生，但透過狩獵本能所產生的衝動仍然是「有趣的」。既然如此，我們應該在家裡創造能滿足牠們狩獵衝動的環境。這正是作為肉食動物誕生於世的貓，應該擁有的生活品質。

滿足狩獵本能帶來的衝動，唯一的方法就是讓貓玩耍。讓牠們進行與狩獵動作相似的遊戲，讓牠們模擬狩獵行為。對貓來說，這是一件快樂的事，也就是說，這是一種有趣的遊戲。透過模仿狩獵，貓能夠度過充滿活力的時光。

貓天生就擁有狩獵本能

當牠的眼睛開始看得見時，
就會開始追逐移動的物體。
這就是狩獵本能。

在不斷嘗試的過程中，牠的
四肢逐漸鍛鍊強壯，動作也
變得越來越熟練。

最終，牠將真正能夠狩獵。
在野外，這通常是貓開始獨
立的時刻。

動物們透過玩耍，
學習生存所需的技術。

獨自玩耍很快就會感到無聊

要讓貓玩得開心，實際上是一件需要花心思的事。僅僅給牠提供貓的玩具並不足夠。貓的玩具只是讓牠進行獨自遊玩的工具，雖然寵物店裡有各種各樣的玩具出售，但說「只要給這個，貓就能一直玩而不會覺得無聊」是過於理想化的說法。畢竟，獨自玩耍是有限制的。貓終究會感到厭倦，並不再理會這些玩具。

貓玩遊戲是為了習得狩獵技巧，這在第42頁已經提過。「習得」意味著必須不斷提升自己的技能。小貓會整天開心地追逐滾動的玩具，但過了2到3天後，牠們肯定會感到厭倦。這是因為牠們已經掌握了追逐滾動玩具的動作。如果沒有更高難度的動作，牠們就會覺得無聊。因此，所有獨自遊玩的玩具都會有變得不再有趣的一天。

那麼，該怎麼做呢？使用「用來讓貓玩耍的道具」，由人來帶領貓遊玩。這樣一來，通過人的智慧與努力，可以不斷升級遊戲難度，並且讓貓挑戰更高難度的技能。挑戰更難的關卡，對貓來說，就成了「有趣的遊戲」。這就像我們玩遊戲時的情況一樣。

如果人類能夠操控道具，則可以讓貓面對難以預測的移動方式。當貓瞄準的目標物體進行無法預測的移動時，貓的狩獵本能就會被激發。

「貓的玩具」有兩種

一種是貓自己玩耍的玩具。

用於獨自遊玩。

由於只能做出簡單的動作，
很快就會感到厭倦。

適合小貓。

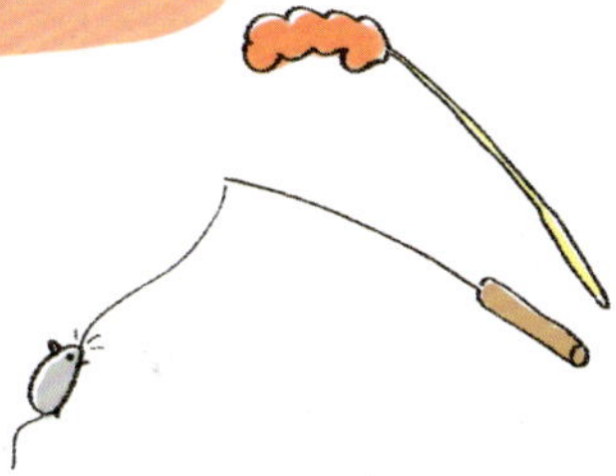

另一種是人類
使用來娛樂貓的道具。

可以隨意變化，動作也能升級。
這正是抓住貓內心的關鍵。

13 觸發狩獵本能的遊玩方式

「用來讓貓玩耍的道具」有很多種，但首先建議使用經典的「逗貓棒」。由於是人使用的道具，因此會有使用方便性這個考量，而這只有實際使用過後才能了解。所以從價格較低的產品開始試用會比較好。經典的「逗貓棒」不僅價格便宜，也輕便、易於操控，這點是毋庸置疑的。正因為是長銷產品，才會如此受歡迎。

那麼，接下來該怎麼搖動「逗貓棒」呢？這裡也有一個非常重要的基本原則。那就是「盡可能模仿貓獵物的動作來搖動逗貓棒」。貓的狩獵本能會被觸發，當貓察覺到像牠的祖先一樣，曾經是獵物的動物的動作時。貓大腦中就已經有一些被輸入好的動作模式。舉例來說，當牠看到像老鷹一樣的動作或像熊一樣的動作時，貓肯定會選擇逃跑。這是因為這些動作被當作天敵的行為，早已被貓的本能所記住。

貓的大腦中被輸入為獵物的動物，包括老鼠、昆蟲、蜥蜴等小型動物和小鳥。用「逗貓棒」重現這些動物的動作，這就是基本且最重要的原則。

如果是老鼠就模仿老鼠的動作，昆蟲就模仿昆蟲的動作，需要根據不同的獵物來分開模仿。為此，我們必須了解每種獵物的動作是怎樣的。這需要想像力，也需要走出去觀察。越是模仿與獵物相似的動作，就越能引起貓的興趣。最大程度地激發貓的狩獵本能，讓牠進行有趣的「模擬狩獵」，這就是成功地讓貓玩耍。讓貓玩耍，本身就是動物行為學的一部分。

逗貓棒的使用基本原則

用逗貓棒重現獵物的動作，
這是基本原則。

逗貓棒不需要是獵物的形狀。
重要的是

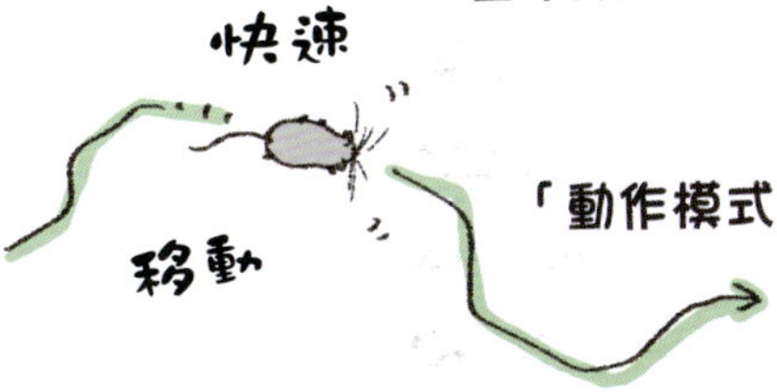

「動作模式」。

貓的獵物通常是老鼠、昆蟲、小鳥。

觀察這些動物的動作，
也是很重要的。

越是真實的動作，貓就越會投入

老鼠會輕快地移動，看似要停下來時，又馬上繼續移動。如果發現貓在附近，牠會以極快的速度逃跑，然後迅速躲進陰影中。將「逗貓棒」的「穗」部分當作老鼠的角色來操控，模擬老鼠的動作。一開始可以模擬老鼠在四處閒逛的樣子，當被貓發現時，就拼命逃跑並躲進像是衣櫃的陰影中。

貓對於逃跑的動作會有強烈的反應。也就是說，牠們會試圖追趕那些遠離自己的物體。相反地，對於那些靠近自己的物體，貓則會感到困惑，因為靠近的物體可能是捕食者。而當獵物躲進像是衣櫃的陰影中，若其中一部分露出來並時隱時現，貓會表現出更強烈的反應。牠們可能會認為「如果現在不抓住機會，就會錯過了」。

在了解這些原則後，讓「逗貓棒」扮演老鼠。這期間觀察貓並根據情況變化動作。如果貓似乎失去興趣，可以突然改變動作。當貓跳出來時，以極快的速度逃跑，並且當貓追上來時，進行非常混亂的逃跑動作。創造出「差點就抓到但還抓不到」的情況，貓一定會興奮不已並發狂玩耍。

最後，讓貓抓到老鼠並結束第一輪。接著從「散步的老鼠」開始第二輪。奇妙的是，這樣玩下來，遊戲化的感覺會逐漸出現。當貓抓到老鼠後，牠可能會像是在說「好了，開始下一輪吧」一樣，在起始點等著。當這種情況發生時，可以認為貓已經了解與主人一起玩耍的樂趣了。

完全扮演成老鼠

將「穗」部分拖在地板上，
並逐漸遠離貓。

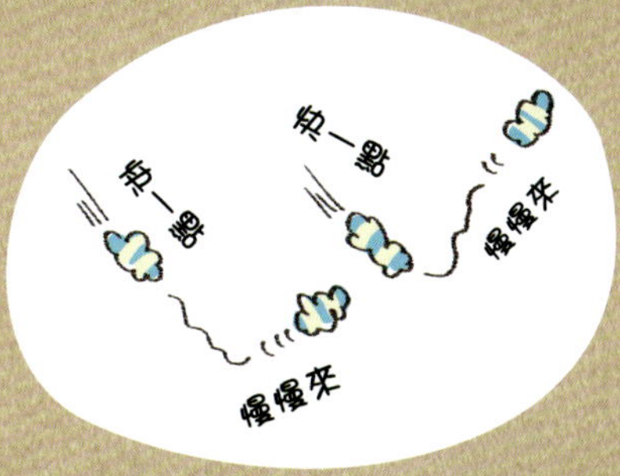

改變速度，交替以鋸齒狀移動。

當貓的瞳孔突然放大時，那是
牠準備衝出來的信號。

如果貓衝出來， 就要快速
逃跑。 慢慢地進入物體陰
影中也是一個好選擇。

當隱藏在物體陰影中的部分被完全
藏進去時，貓很有可能會衝出來。

完全扮演成蜥蜴

嘗試變成蜥蜴。模仿草叢中來回走動的樣子。

將逗貓棒放進毛毯下，讓它在下面蠕動。故意製造一些聲音會更好。

當貓跳起來並從毛毯上壓下來時……

模仿蜥蜴在毛毯下奮力逃跑的樣子。偶爾讓逗貓棒從毛毯下露出一部分也不錯。

完全扮演成小鳥

嘗試模擬受傷無法飛翔的小鳥。
這是貓最興奮的情況。

將釣竿式的逗貓棒放在地板上，發出嘎嘎聲。模擬無法飛翔的小鳥。

當貓準備跳過來時，盡全力模擬小鳥掙扎著飛起來並逃跑的樣子。

貓試圖跳起來抓住，就讓小鳥降落在地面。貓再次瞄準小鳥，小鳥就再次起飛。這樣貓就會連續跳躍。

14 玩15分鐘貓就會感到十分滿足

雖然覺得「應該和貓玩」，但也會有可能因為忙碌而無法抽出時間的人。然而貓是一種持久力不強的動物，無法長時間持續激烈的活動。玩上15分鐘後，牠們就會氣喘吁吁，感到疲倦並躺下，眼神也變得迷離。換句話說，每次遊玩15分鐘就已經足夠了。

貓很容易疲勞，這是作為肉食性動物的特性。像馬或鹿這類草食性動物，為了逃避敵人，牠們會採取「奔跑逃離」的方式，因此牠們在持續奔跑方面有較好的持久力。另一方面，作為捕食者的肉食性動物，雖然擁有優異的爆發力，但持久力卻相對較差。草食性動物總是保持警戒，一旦發現危險，就會持續逃跑。只要能夠一直跑，持久力較差的肉食性動物最終會因為疲勞而放棄追逐。肉食性動物依靠瞬間的爆發力來獲得優勢，而草食性動物則用持久的持久力來抵抗。貓科動物，作為肉食性動物的一種，尤其擁有強大的爆發力，但同時也缺乏持久力。這正是牠們很容易感到疲倦的原因。

爆發力可以讓貓在短短15分鐘內感到疲倦。總而言之，每天玩15分鐘的遊戲1到2次，並且持續進行，貓就會感到足夠滿足。將一點休息時間用來與貓玩耍，絕對不會是件難事。

當每天的遊戲成為習慣，貓會開始表現出「該是玩耍的時間了吧？」的表情來引誘你。還有些貓會咬住逗貓棒並把它帶過來，或者站在平常的起點處等待，這也會是相當有趣的時刻。

貓是沒有持久力的動物

即使忙碌，也應該抽出一點點時間與貓玩耍，作為一種小小的喘息時間。每次玩 15 分鐘，貓就會感到充分滿足。

貓容易疲倦是肉食性動物的特徵。在肉食性動物中，貓科動物尤其擁有強大的爆發力，但卻缺乏持久力。

如果每天的遊戲變成習慣，貓也會開始主動邀請你一起玩耍。

15 貓是「我行我素」的生物

傍晚回到家時，貓會跳到玄關迎接，邊「喵喵」地叫著邊用身體摩擦人的腿，拼命地追著人走，抬頭盯著人的臉看……在這種時候，人們會覺得「貓一定是因為孤單才這麼做的」。不禁會抱起牠，邊說「對不起，對不起，讓你孤單了」，並用臉頰蹭著牠。

然而，貓會抵抗「不想被抱起來」，但如果把牠放下，牠又會再來繞著人轉。雖然心裡想著「到底是怎麼回事」，但還是先打開罐頭給牠，貓便大口大口地吃著，吃完後就迅速走開，找個地方睡覺……這樣的經歷，大家一定都有過吧。

貓並不是因為「寂寞」，而是因為肚子餓了。因此，牠只是一直重複「給我東西吃」而已。一旦肚子吃飽了，牠便會說「好啦，辛苦了，我要去睡覺了」。在人類的社會觀念中，我們通常會希望牠能表示一點感謝，但貓就是這樣，沒有感謝之情也無所謂。表達感謝能讓未來的關係更順利，這是群體生活者的社會規範；而獨居者的常識則是「自我為先，與他人的關係是給與拿的互動」。

當貓覺得自己能從中獲得好處時，就會親近人類；但當沒有任何好處時，則會選擇忽視。這是貓的信條，在人類社會中，這無疑是任性。然而，這種「你是你，我是我」的思維，始終保持著「我行我素」的態度，正是貓的迷人之處，這也是事實。

貓與人類感覺的差異

我回來了～
對不起，
寂寞了嗎？
喵～
是嗎是嗎？
對不起啦。
嗯！
真是可愛的小傢伙。
喜歡
好臭
喵～
快點
給我吃飯～
吃飽了
好了，該睡覺了。
舔嘴巴
好寂寞…
你不需要愛對吧…

16 如果責罵牠，只會被視為危險人物

貓的訓練與狗的訓練有根本的區別。狗會把主人當作群體的領袖，並且覺得主人開心就是自己的開心。牠們非常喜歡被稱讚，並且願意一遍又一遍地做出讓主人高興的事情。因此，透過適當的讚美或責罵，就可以很好地訓練狗。

然而，貓是單獨生活的動物，牠們並沒有領袖的概念，也不會希望得到領袖的稱讚。因此，即使你讚美或責罵貓，這些對牠來說幾乎沒有意義。若是讚美，貓只會覺得「主人在疼愛我」；若是責罵，牠只會覺得「這個人是危險的」。因此，教導貓「不可以做的事」必須採取其他方法，這需要飼主的巧妙設計。飼主必須設法讓貓無法做出不該做的事情。

那麼，該怎麼進行巧妙的設計呢？這取決於每個家庭的情況以及貓的性格。飼主必須運用智慧，並且耐心地進行反覆的嘗試，才能編織出解決方案。即使認為「這樣應該可以」，但對貓來說，這樣的做法往往不奏效，這時也要不放棄，重新想出另一種辦法。如果還是無效，那就再想出別的方法。訓練貓可以說是與貓進行智慧比拼！而且，享受這場智慧較量的心態是很重要的。否則就會陷入挫敗和焦躁，這樣嘗試錯誤的過程就無法繼續下去。

訓練貓的過程就像是「頭腦運動」。如果像玩遊戲一樣不斷想出各種創意，那麼訓練貓的時候應該會變得既有趣又有效。巧思、反覆嘗試、堅持不懈，以及享受這一切的心態，這就是訓練貓的精髓。

狗的訓練和貓的訓練，有著根本的區別

想要更多
的讚美！

狗想要得到主人讚美，
因此，讚美會發揮效用。

…
沒什麼。

貓並不想得到主人的讚美，牠只想
隨心所欲地做自己想做的事。

乖孩子
摸摸
乖乖地被摸

當讚美時只是單純地高興而已。

哼
這個人很危險…

當斥責時只是單純地感到害怕。

要讓貓不做不該做的事，主人只能靠巧妙
的方法來達成。

讓某件事情成為習慣就是貓的訓練

那麼，什麼時候需要進行這種巧妙設計呢？在此之前，我們需要先思考「貓不該做的事情」是什麼。因為與狗不同，貓其實沒有太多「應該禁止的事情」。像是無謂的吠叫或跳躍，這些與貓無關。最多就是不讓牠在家具或牆壁上留下抓痕、不讓牠跳上餐桌等不希望牠上去的地方，或是不讓牠進入不該進的房間，這些就差不多了。

首先，對於貓雖然會使用貓抓板，但卻還會在牆壁或家具上留下抓痕的情況，所需要採取的應對方法其實並不難。只需要在貓會抓爪的牆壁前放置一些物品即可。如果貓會在藤製家具上抓爪，那麼可以將這些家具收進壁櫥或處理掉。總而言之，物理性地阻止貓做某事，這就是應對的基本方式。

不讓貓跳上不希望牠們上去的地方、進入不希望牠們進去的地方的應對，基本上也是相同的。可以放置障礙物或阻擋牠們的通道，總之就是要避免牠們接近。在這個過程中，所需的正是耐心、反覆試驗，以及堅持不懈的心態。

如果設下的障礙有效阻止貓跳上或進入某處，且情況持續，貓便會奇妙地形成「這裡不能跳上去」、「不能去那裡」。貓其實意外地固執，一旦養成習慣，便會頑固地遵守。當貓養成了不做你不希望的事時，就表示訓練成功了。讓貓養成「不做某事」的習慣，就是一種貓的「訓練」。

如果無論怎麼嘗試都無法成功，那就換個角度思考，比如「這件家具也兼作貓的抓板吧」。如果一直執著於「一定要解決」，只會讓自己越來越煩躁，並將情緒也傳染給貓，結果雙方都不快樂。

防止貓抓不想讓牠抓的地方的方法

滑溜溜

貼上防貓抓貼。

表面光滑，讓貓無法抓來抓去。

用物理方式讓貓無法靠近。

裝上濾框！
進不去了

地毯加上保護罩
用紙箱製的貓抓板代替報紙

直接撤掉。

擺上貓抓板作為替代。

地毯材質

放棄吧。

換個心態，把它當成附帶貓抓板功能的家具。

破破爛爛
咬咬咬
果然還是藤編家具最對味！

17 習慣化是因為「安全至上主義」

在前一節中，我提到「貓一旦養成習慣，就會固執地堅持下去」，這是因為貓奉行「安全至上主義」。也就是說，「曾經做過的事情如果是安全的，沒有發生任何問題，那麼下次也會採取相同的方法」。這是一種源自野生本能的判斷，因為這樣做被視為安全的方式。只要這種安全感不受到威脅，貓就會不斷重複相同的行為。因此，這些行為看起來就像是被習慣化了一樣。

例如，人類在從家裡前往車站時，可能會覺得「總是走同一條路太無聊了，今天換條路試試看吧」，但貓並不會這樣想。牠們會選擇昨天走過且安全的路，今天也繼續走。貓並不渴望冒險，因為冒險可能伴隨著危險。

如果貓在平常走的路上偶然遇到了危險，牠會為了避免危險而改走其他路線。即使第一次走新的路線時心驚膽戰，但如果沒有發生任何危險，從隔天開始，貓就會改走這條新路。因為牠認為，昨天的那條路可能還會遇到危險，而新的路線則是安全的。這就是貓的「安全至上主義」。

野生動物和貓一樣，都遵循「安全至上主義」，但貓的這種特性尤為強烈。只要把這種「安全至上主義」放在心上，就能設計出有效的訓練方法。要讓貓養成新的習慣，關鍵在於讓舊習慣變得不方便，並提供一個安全且無壓力的替代方案。當貓順利地嘗試這個新方法兩到三次，沒有發生任何問題時，這個新行為就會成為牠的新習慣。而這正是訓練貓的核心所在。

利用「安全至上主義」來培養新習慣

從 A 地點到 B 地點有 3 條路線可選

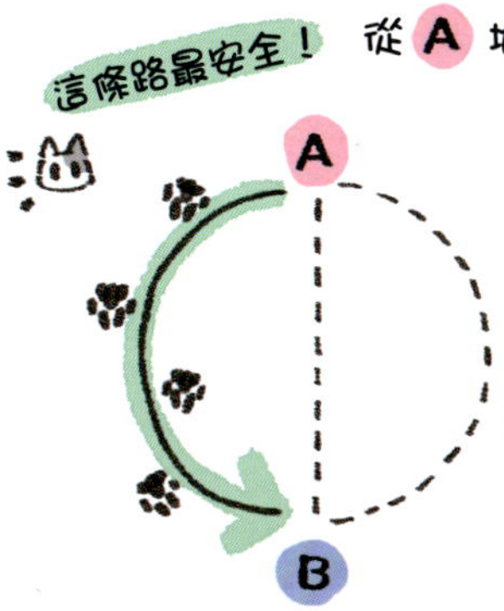

當貓從 A 地點前往 B 地點時，牠們一定會選擇相同的路線，因為這是牠們認為最安全的方式。

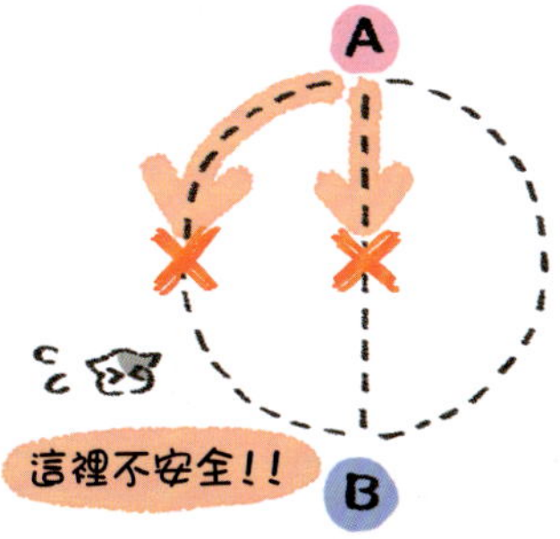

在貓經常走的路線上製造一些不便，甚至在較直線的路線上也設置障礙，讓貓覺得這些路線不再是最好的選擇。

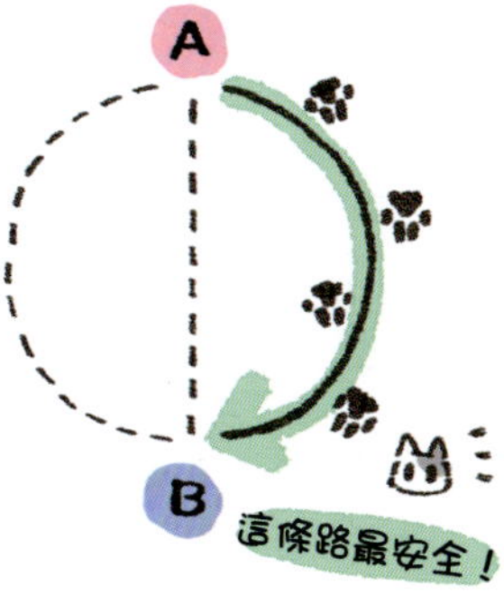

最終，貓會迫於無奈選擇新的路線。然而，當這條新路線被反覆使用並習慣化後，即使原本的路線恢復了，貓通常也不會再回去使用舊路線。

Column

飼主若不幸福，貓也無法幸福

不僅是貓，動物的第六感都很敏銳。在非洲草原上，草食動物能夠毫無畏懼地從吃飽的獅子旁邊走過，是因為牠們能察覺到獅子並沒有狩獵的意圖。比起人類的語言，動物的第六感更能準確地捕捉資訊。

如果飼主總是感到煩躁，貓會敏銳地感受到這一點，變得不安。動物的第六感會判斷為「精神不穩定，可能會進行攻擊」。

當飼主有煩惱時，貓也會變得不安。因為牠敏銳地察覺到沒有安穩和放鬆的氛圍。更進一步地，如果想依賴的人情緒低落，貓也會感受到這種情緒並傳染過來。像人類的孩子一樣，純真無邪的心容易與他人的情緒產生共鳴。

因此，飼主應該始終保持快樂的心情。即使有煩惱，也應該在貓面前切換心情，暫時忘掉所有的困擾，將心情調整到「貓模式」。這看似困難，但經過幾次練習後，會發現其實意外簡單。這也可以說是人類獨特的特技。最終，這樣做會讓自己得到救贖。如果飼主能保持寬大的心胸，貓也會有寬大的心胸。這樣的貓會展現出自由開朗的舉止，而這些舉止會讓飼主笑出來，或是讓飼主感到愉快。這是一種幸福。

當飼主快樂時，貓也會快樂，而貓的快樂反過來又會讓飼主更加快樂。

第2章

貓咪的身體與情緒

18 肢體語言的基本是焦慮

動物的語言主要是透過肢體語言，也就是動作來表達的。與我們的語言不同的是，牠們並不是有意傳達什麼，而是情感自然地表現出來。

許多動物共通的肢體語言是，當牠們感到恐懼時，會試圖讓自己的身體看起來比實際上更小，而在威脅時，則會試圖讓自己的身體看起來比實際上更大。例如，當貓感到恐懼時，牠會蜷縮起來，低下身體並且壓低耳朵。牠正在發送這樣的訊息：「我是一隻非常小且脆弱的貓，顯然你比我強大。所以請不要攻擊我。」

貓的叫聲也是如此。人類往往會解釋為牠們在要求什麼，但基本上牠是對不滿情緒的表達。例如，不是「給我食物」而是「我肚子餓了」，不是「開門」而是「我不喜歡在這裡」，不是「抱我」而是「我覺得有點寂寞」。簡而言之，貓的叫聲表現出的是牠們不滿足的情緒。

貓的「喵喵」叫聲，最初是小貓向母貓尋求保護和照顧的方式，是為了告訴母貓「我困擾了，這裡有問題，請來幫忙」。而家貓因為永遠保持著小貓的心情，即使長大了，也會將不滿情緒以叫聲的形式表達出來。越是依賴主人的貓，越會頻繁地叫，這是因為那些擁有強烈小貓心態的貓，越容易將不滿表達為叫聲。

體態的變化主要表現出不安，而叫聲則表現出不滿。當貓感到安心和滿足時，牠們不會發出特別的「語言」，只會安靜地閉上眼睛，表現出享受的樣子。

體態變化基本上是表現出不安

當貓想要讓自己看起來更小時，通常是因為牠感到非常不安。

偷偷摸摸

嘶—

當貓感到不安，但又試圖以強硬的態度來應對時，牠會試圖讓自己的身體看起來更大。這絕對不是憤怒的表現。

叫聲基本上是表現出不滿

肚子餓！
坐不下了！
喵
喵
抓抓
抓抓
這裡，不想待！
好好，飯來了～
是要幫你開門對吧？
是讓我讓開嗎？

因為不滿而發出的叫聲會有些微的差異，這真的很讓人煩惱。飼主能夠理解這些差異，真的是很厲害。

19 微妙的情感會表現在尾巴的動作上

當貓豎起毛髮、背部彎曲、耳朵低垂並發出「嘶—」的聲音時，通常我們會認為「貓生氣了」，但其實貓並不是在感受著人類所理解的「憤怒」情緒。正如前面所提，牠其實只是想讓自己看起來比實際更大，並在威脅說「如果再靠近，我就會攻擊」。雖然表面上看似強硬，內心卻是感到「害怕」。而「害怕」也可以視為一種不安的情緒。

那麼，貓是否只會感受到不安、不滿、安心和滿足呢？其實並非如此。只是，因為不像我們有語言，貓的情緒表達中有許多我們無法完全理解的部分。不過，仍然有一種方法可以幫助我們推測貓可能感受到的微妙情感，那就是觀察牠的尾巴動作。貓的尾巴除了在熟睡時，幾乎都是會動的，而且尾巴的動作方式有著非常微妙的變化。這些微妙的變化可以反映牠當時的細膩情緒。然而，要具體說明在什麼情況下尾巴會做出什麼樣的動作其實非常困難，並且無法完全確定。可以說的是，當貓強烈感受到某些情緒時，尾巴會動得很大，而當牠只是模糊地感受到某些情緒時，尾巴的擺動則會比較輕微。此外，如果再加上從根部搖動尾巴或僅擺動尾巴的尖端等變化，就會產生無數種不同的可能。

尾巴所表達的微妙情感，只有與貓日常相處並且懷有愛心的飼主才能理解。當我們和貓一同度過時，能夠感同身受牠的情感時，尾巴所表達的貓語才會變得清晰可懂。

貓尾巴所表現的基本情緒

當驚訝時，尾巴
會瞬間膨脹。

正在擺動的尾巴瞬間停止，是因為
牠的思考也暫時停止了。

當尾巴甩得很強烈時，代表強
烈的情緒。是開心還是不滿，
只有飼主才能判斷。

緩慢地擺動尾巴時，
是平靜的情緒。

從尾巴根部大幅擺動，或只是
尾巴尖端輕微擺動，變化多
端。只要每天觀察，就會逐漸
讀懂貓的情緒。

20 從小動作中表現出的情感

雖然不能算作是肢體語言，但有些舉止可以讓我們讀懂貓的心情。比如在驚訝之後，牠們會輕輕地舔舐自己的背部。當貓在櫥櫃上午睡，翻身時不小心掉下來，也會做出這樣的動作。這是貓為了平靜不安的情緒而無意識地做出的行為。

貓在小時候，透過母貓舔舐牠的身體來建立親密接觸，這讓牠們感到安慰。即使長大後，牠們仍會透過自我清潔來放鬆，當清潔結束時，牠們常常會感到困倦，是因為這個過程能讓牠們的心情完全平靜下來。

當貓被突然進入家中的陌生人嚇到，或是從衣櫃掉下來時，牠會無意識地透過自我安慰的方式來讓自己恢復平靜，也就是輕輕舔舐自己背部的行為。這是一種固定的行為模式，通常會舔兩三次結束。這時，主人應該輕柔地抱著貓，讓牠完全放鬆，營造出一個舒適的氛圍。

另外，當貓從午睡中醒來時，牠有時會像親吻一樣將嘴巴湊過來。當主人從外出回來時，貓也會做出相同的行為。其實是因為貓在透過嗅聞口氣來獲取信息。就像是在問「你吃了好東西嗎？」一樣，這種行為是因為貓認為人是牠的夥伴。其實這並不是親吻，只要讓貓充分嗅聞你的口氣，牠就會感到滿足。

如果知道這些細微的舉動背後的意思，就能與貓建立更豐富的關係。

能讀懂貓心情的各種小動作

貓在驚嚇過後會輕舔自己的背，這是無意識地讓自己平靜下來的行為。透過自我安慰來放鬆情緒。

舔來舔去

嗅嗅
聞聞

一種簡單的問候。「你是不是吃了什麼好吃的？」這是一種訊息交換的方式。看起來像是鼻子碰鼻子，但實際上是彼此嗅聞對方的口氣。貓也會對飼主這麼做。

直視不熟悉的對象是一種敵意的表現。這相當於挑釁對方。如果飼主訓斥貓並瞪著牠，貓通常會移開視線，來表示「我沒有敵意」。

請進，
歡迎——
盯—
你是誰？
哦，你就是傳聞中的那隻貓嗎？

21 上唇的鬍鬚是積極的感測器

貓的上唇鬍鬚比其他鬍鬚更長、更粗。而且，當貓對某樣東西充滿興趣地凝視，或是在玩弄移動的物體時，這些鬍鬚會向前伸展。其他鬍鬚無法移動，但唯獨上唇鬍鬚可以自由地豎起或貼合。

能夠自由活動，意味著「積極地在做某件事」。無法移動的鬍鬚屬於「被動感測器」，而上唇的鬍鬚則被視為「主動感測器」，在捕捉獵物時發揮重要作用。

貓在狩獵時，會悄悄接近獵物，抓準時機後迅速撲上去，咬住獵物並讓其斷氣。而在咬住的瞬間，牠們可能正利用嘴邊的鬍鬚來捕捉獵物激烈掙扎的動態。因為若操作不當，貓也有可能被掙扎的獵物咬傷，因此這種感測器至關重要。更何況，貓的眼睛對於近距離的物體並不容易對焦，因此這項感測功能就顯得更加重要。上唇鬍鬚的長度，很可能正是貓在尋找合適時機咬住獵物時，與獵物之間的最佳距離。

順帶一提，毛髮是有壽命的，當過了一定的時間後就會自然脫落。而在脫落之前，毛髮每天都會持續生長一些。也就是說，相較於身體的毛，鬍鬚的壽命更長，因此鬍鬚比身體的毛還要長。長毛品種的貓，則是經過選育改良，使毛髮的壽命變得更長。因此，牠們的體毛不容易脫落，在這段期間內會持續生長，變得更長。而鬍鬚的壽命也會相應地變長，因此鬍鬚就變得更加長了。從功能上來看，這種過長的鬍鬚，其實已經超出了原本應有的作用。

貓也有能夠自主控制的鬍鬚

打瞌睡時，上唇的
鬍鬚是放鬆的。

當對某物感興趣時，
鬍鬚會朝前伸展。

捕捉獵物時，鬍鬚也會
維持向前的狀態。

上唇的鬍鬚是主動感應的感測器。
而其他鬍鬚則是
被動感應的感測器。

22 喉嚨發出的呼嚕聲代表安心與滿足

當撫摸或抱著貓時，牠會幸福地閉上眼睛，並從喉嚨發出呼嚕呼嚕的聲音。所有喜愛貓的人都知道，這是貓感到「開心」時發出的聲音。

然而，關於貓發出呼嚕聲的機制，目前仍未完全明瞭。現在較有力的說法是：「透過使喉頭振動，進而震動經過的空氣來發出聲音。」確實，當貓吸氣與吐氣時，呼嚕聲會稍有不同。此外，當貓屏住呼吸時，呼嚕聲也會停止。無論如何，死亡的貓是無法發出呼嚕聲的，因此即使透過解剖學，也仍舊無法完全解釋這一現象。

目前已知的是，當小貓喝奶、依偎在母貓身邊，或者當母貓接近小貓的巢穴、當母貓在餵小貓吃奶時，都會發出呼嚕聲。這些情境中，小貓透過呼嚕聲表達「滿足和安心」，而母貓則是在傳達「放心，一切都沒問題」的情感。有一種看法認為，小貓的呼嚕聲還能促進母貓奶水的分泌。

被飼養的貓會把飼主當作母貓來看待，所以當牠被抱起來時，會不自覺地感受到和喝奶時相同的情感，因此會發出呼嚕聲。那些依賴感強烈、像小貓一樣愛撒嬌的貓，會頻繁發出呼嚕聲。有些貓甚至只是聽到飼主的聲音，躺著也會發出呼嚕聲。在這時，也會有貓像小貓喝奶時那樣，交替地用雙前腳做出「踩踏」的動作，進一步沉浸在喝奶的感覺中。

呼嚕聲的機制還不太明瞭

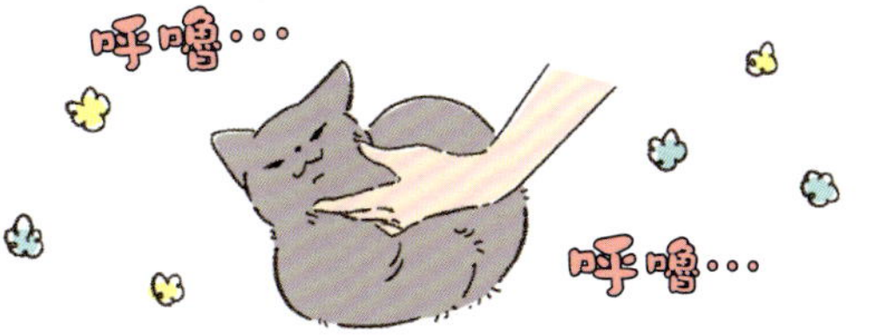
呼嚕…
呼嚕…

但我們可以理解呼嚕聲的意思。
那是一種溝通。

呼嚕…
呼嚕…
喝得很飽，很幸福喔
放心吧

呼嚕…

被飼養的貓會有像
喝奶時一樣的感覺。

除了高興外，還有其他時候會發出呼嚕聲

另一方面，貓在患有重病或受傷快死的時候，也會發出呼嚕聲。這意味著什麼一直以來都是謎題，但進入本世紀以來，已經有一些有趣的研究結果被公佈。特別值得注意的是，有一項研究指出，「透過呼嚕聲來提高自然治療能力」的可能性。

貓的呼嚕聲振動頻率為20～50赫茲，這與能夠增強動物骨密度的振動頻率相同。有一種說法認為，貓平時透過發出呼嚕聲來提高骨密度，以便準備應對傷害。貓本來是過著獨居生活的動物，如果骨折無法活動，就無法狩獵，最終只能餓死。因此，為了儘快治癒傷勢，貓平時會透過發出呼嚕聲來強化骨骼，當牠們遭遇重病或傷害以及瀕臨死亡時，也會發出強烈的呼嚕聲來治療自己。研究團隊認為，這是一種自然的自我治療機制。人類最新的醫療技術中，也有透過振動來加速骨折治療的「超聲波骨折治療」，原理與此相同。

獅子和獵豹等其他貓科動物，也像貓一樣會發出呼嚕聲。對於生活在群體中的動物來說，即使受傷也會有同伴幫助，但對於過著單獨生活的動物來說，這種幫助並不存在。作為單獨生活的肉食性動物，貓科動物可能擁有「呼嚕治療法」。順便一提，獅子是貓科動物中唯一過著群居生活的動物，但據說牠們最初是過著單獨生活的，並在進化過程中發展成群居生活的形式。儘管如此，也有許多雄獅會離開群體，單獨徘徊，所以牠們的「呼嚕能力」應該還是保持著。

呼嚕聲的另一個原因

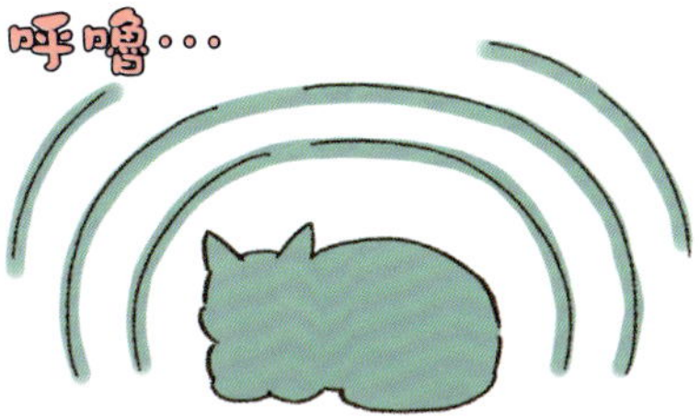
呼嚕…

呼嚕聲的振動頻率是
20～50赫茲。
這是能提高骨密度的振
動頻率。

通常透過呼嚕聲來提高骨密度。

在臨終之際，會發出強烈
的呼嚕聲來試圖治療傷
害。可能也在獲得像是喝
奶時那樣的安慰。

呼嚕
呼嚕…

人類世界中也有
「超聲波骨折治療」。
原理是相同的。

如果能提高骨密度，會有
助於預防骨質疏鬆嗎!?
呼嚕…

23 貓無法識別紅色

一般來說，夜行性動物不太能看到顏色。網膜中有感應光線的細胞和感應顏色的細胞，但夜行性動物的網膜中，感應光線的細胞比較多，相對地，感應顏色的細胞較少。因此，這些動物能在微弱的光線下看見東西，但顏色則不太清楚。

貓可以識別藍色和綠色，但無法識別紅色。藍色、綠色和紅色是光的三原色。感應顏色的細胞是分工合作的，分別負責感應藍色、綠色等，因此可以認為貓的網膜中並沒有感應紅色的細胞。

那麼，對我們來說是紅色的物體，對貓來說會是什麼顏色呢？我認為牠們可能會看到黃色或淡綠色。因此，如果紅色的物體放在綠色的地毯上，貓可能很難找到它。

無論如何，對貓來說，無法看到紅色並不是那麼重要，因為牠們是透過氣味而不是顏色來找到肉或魚的。進一步來說，貓並不需要精確對焦來看清楚事物。事實上，據說貓的視力焦點僅僅集中在視野的中心部份。如果在貓的眼前放一尾沙丁魚，牠會一直找，這可能就是為什麼會這樣的原因。

對貓來說，比顏色或焦距更重要的是，能夠敏感捕捉到移動物體的動態視力。事實上，牠們對移動的反應比人類更敏捷。作為夜行性動物，貓需要一雙能在微暗環境中敏銳察覺到物體移動的眼睛，這對捕獵活獵物至關重要。

藍色和綠色可以看到，但紅色看不見

是紅色的哦。
看不見嗎？
STOP!

不過，這也沒關係。即使看不見顏色，還是能夠狩獵。

抓住了！

雖然對焦不太準確，但也沒關係。若是看得太清楚，可能就抓不到獵物了？

不要吃掉我…

比起這些，更重要的是在黑暗中也能看得清楚的眼睛，以及能捕捉到物體移動的視力。

什麼都看不見喔。
老鼠！

完全黑暗時貓也什麼都看不見

即使在昏暗的環境中，貓的眼睛有一項特別的機制，能有效利用少量的光線。

首先，貓的眼睛很大。眼睛大意味著瞳孔可以擴大。瞳孔是眼睛接收光線的「入口」，所以瞳孔越大，進入的光線就越多。在昏暗的環境中，看貓的眼睛時，你會發現牠的瞳孔會擴大到最大，這是夜行性動物的眼睛為了讓更多光線進入而進化的特徵。

接著，在昏暗的環境中，貓的眼睛會發光。貓的視網膜後方有一層稱為「脈絡膜毯」的反射層，當光線進入瞳孔並通過視網膜時，這層反射層會將光線反射回來。視網膜上有視神經，當光線照射到時會產生反應，而反射回來的光再次通過視網膜，並再次刺激視神經。由於視神經會被多次刺激，因此貓能夠「看得很清楚」。然後，反射回來的光會從眼睛外部散發出去，這就是我們所看到的眼睛發光。許多動物的眼睛會發光，但並不是牠們「從眼睛中發出光來看周圍」，而是透過高效利用少量的光線所產生的現象。這種現象即使在光線充足的地方也會發生，但由於周圍環境光線太亮，光線不容易顯現出來。

貓利用各種機制，使得在僅有人類看東西所需光線的七分之一的光量下，便能夠充分地辨別物體。由於貓只是有效地利用少量光線，因此在完全沒有光的漆黑中，貓也什麼都看不見。

貓的眼睛與人類眼睛的不同

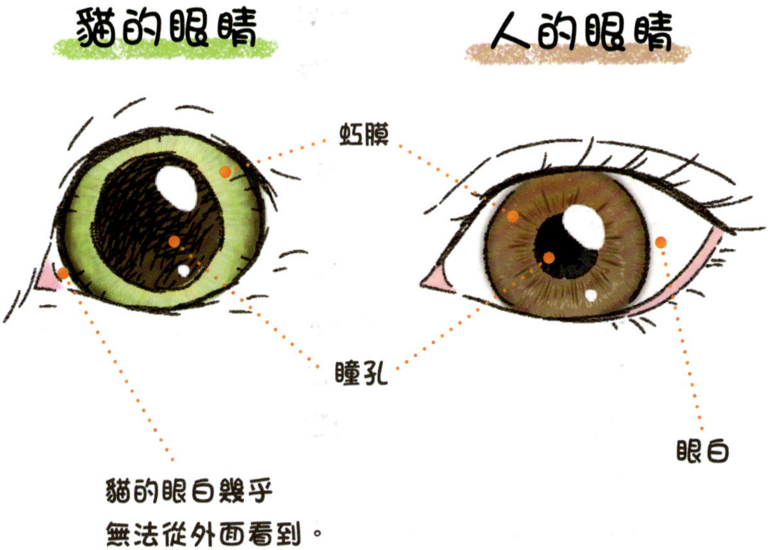
貓的眼睛
人的眼睛
虹膜
瞳孔
眼白
貓的眼白幾乎
無法從外面看到。

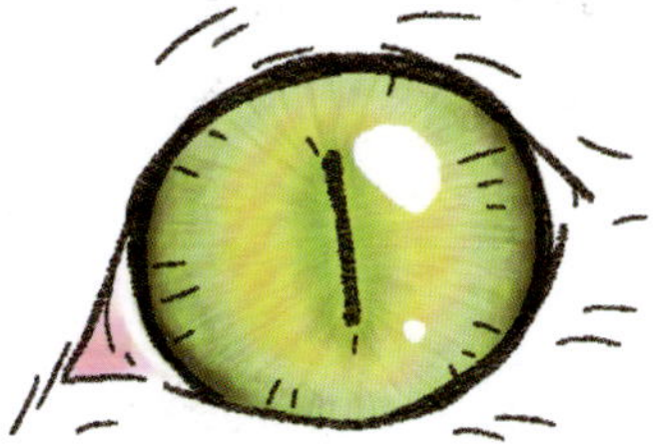

在陽光明媚時貓的瞳孔

24 貓和人的味覺不同

食物的味道，主要是透過舌頭上的味蕾來感受的。人類的味蕾數量約為9000個，而貓的味蕾數量約為800個，因此貓的味蕾比我們少。換句話說，對於同樣的食物，貓和人所感受到的味道是不同的。其實，每種動物都有自己能夠辨識的味道和無法辨識的味道。

不同的動物所需的營養素各不相同，牠們獲取能量的營養來源也不一樣。但有一點是共通的，那就是動物會對能量來源的營養素感覺到「甜」。由於動物生存所需的首要條件就是能量，因此牠們的感官被設定為對能提供能量的營養素感受到「甜」。這種「甜」的味覺會帶來愉悅感，也就是說，這是一種讓動物進食的「獎勵機制」。

對我們人類來說，能量來源是糖分。因此，我們會覺得糖分「很甜」。當我們疲憊時，會特別覺得甜食美味，這是因為身體在提醒我們攝取能量來源。對於肉食性動物的貓來說，牠們的能量來源是蛋白質。因此，貓對蛋白質中所含的氨基酸的甜味特別敏感。蟹肉的甜味就是那種氨基酸的甜味。貓不僅感受不到糖分的甜味，甚至也無法很好地消化糖分。雖然貓喜歡吃像鮮奶油這類食物，但牠們不是對糖有反應，而是對脂肪產生興趣。

無論如何，貓並不會像我們一樣認為某些食物「美味」。貓有牠們的營養學，而人也有屬於人的營養學。

動物各自有能與不能感知到的味道

舌頭負責

感知味道。

人類能感知糖分的甜味，但貓卻無法。
對貓而言，氨基酸的甜味才是牠們能強烈感受到的。

人類依賴糖分　　　　貓依賴蛋白質

不同動物所需的營養素各不相同，
因此味覺也有所差異。

靠氣味來判斷食物

儘管如此，貓並不是依靠味覺來判斷食物的。能否食用主要取決於氣味。貓的嗅覺比人類敏銳5到10倍，不僅能分辨食物，還能透過氣味來判斷自己的領域或是否認識某個人。可以說，貓是用鼻子來「看」這個世界，這絕不誇張。剛出生的小貓能準確地找到母親的乳頭，也是依靠嗅覺。雖然此時牠們的眼睛還看不見，耳朵也聽不到，但嗅覺已經發育完全，能透過氣味找到乳頭。

話說回來，對於依靠氣味判斷食物的貓來說，有一個令人困擾的問題，那就是對於沒有氣味的東西無法判斷，所以不會吃。即使那東西對貓來說再「美味」，如果沒有氣味，牠們也不會食用。從冰箱剛拿出來的食物，由於冷卻而沒有氣味，貓就不會吃。如果貓感冒導致鼻塞，無法聞到任何氣味，自然也就不會吃任何東西，進而導致虛弱。「貓感冒是危險的」這種說法，正是因為這個原因。

然而，依靠氣味來判斷食物，其實並不算是什麼特別奇怪的事情。人類是依靠視覺來決定是否要進食，很多人會因為「外觀」怪異而絕對不吃某些東西，這和貓的情況如出一轍。人類是依賴視覺的動物，而貓是依賴嗅覺的動物。對貓來說，只是忠實於牠們的本能罷了。而那些偏好嘗試「外觀怪異食物」的人，從某種角度來看，可以說是失去了作為動物的正確本能。不過，正是這些勇於挑戰各種的「奇珍異食」，拓展了人類的飲食文化。因此，某種程度上，失去本能也可以視為一種進化。

貓會根據氣味來判斷食物是否可以吃

因此，
沒有氣味的東西，
牠們不會吃。

聞聞
這個
不能吃。
保鮮膜

哼
冰冰的
這個也
不能吃。

冷的東西
也沒有氣味。

如果感冒鼻子堵住了，牠們就什麼都吃不下。

什——麼
氣味都聞不到。

25 貓也會用嘴巴聞氣味

當貓聞過隨意丟在地板上的襪子等物品的氣味後，有時會出現嘴巴微微張開的樣子。牠們會稍微張開嘴巴，抬起上唇，露出上顎的牙齒，眼睛則微微瞇起。這表情看起來彷彿是被氣味的刺鼻程度嚇到了，但事實並非如此。這是一種稱為「裂唇嗅反應」的生理現象，通常在貓聞過帶有人類或動物體味的物品後會出現。

貓不僅是從鼻子，也從嘴巴來嗅取氣味。這就是所謂的裂唇嗅反應。貓的口腔頂部（形成拱形的上部）靠近前牙根部的位置，有兩個小孔，這些孔與鋤鼻器相連。從這些孔進入的氣味分子，會通過不同於鼻子路徑的途徑，傳遞到大腦。貓會微微張開嘴巴，抬起上唇，以便將氣味分子吸入鋤鼻器中。

裂唇嗅反應不僅出現在貓身上，馬、牛、羊、倉鼠等動物也會有此現象。馬的裂唇嗅反應動作幅度較大，因此很容易被注意到。馬的嘴唇會捲起來，看起來像是在笑。這原本是性行為的一部分，被認為是用來感知異性尿液中所含的費洛蒙，但在被飼養的動物中，對其他氣味也會做出反應。貓的裂唇嗅反應也會對各種氣味作出反應，但不會對食物的氣味做出反應。這確實是對某些氣味的反應，但具體原因尚不清楚。人類在胎兒時期也有鋤鼻器，但其存在的原因尚不明瞭。

貓的裂唇嗅反應

聞著氣味…

偶爾會看到這樣的表情。
貓不是因為臭而扭曲牠的臉。

鋤鼻器

正在從這裡吸入氣味。

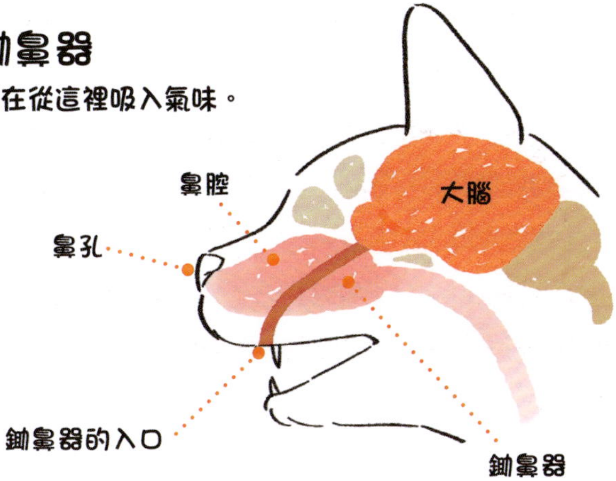

口腔上顎的孔洞與鋤鼻器相連。

26「在食物上撥砂」是表達不滿嗎？

打開貓罐頭並將食物轉移到碗裡，然後說「來，吃吧」，但貓卻只是輕輕嗅了嗅，卻不吃，反而在地板上抓來抓去，做出像是在撥砂的動作。許多飼主會認為這是貓在表達「這個東西我不想吃」的意思。於是，飼主會開另一罐更貴的罐頭，若貓仍不吃，則會繼續開更貴的罐頭。

當打開珍藏的高價罐頭時，貓就會吃，因此這又變得更難應付了。飼主會認為「這個貓能吃」，並且因為貓吃了而感到高興。飼主通常會把寵物吃食物這件事當作最大的喜悅和安心。

但其實，貓只是單純沒什麼食慾。貓是有「挑食」習慣的動物，即使牠們很健康，也會有食慾旺盛的日子和食慾不振的日子。而在食慾不振的時候，當牠們看到食物時，會覺得「先隱藏起來吧」。這種習性來自於野生時代，牠們會用周圍的草或砂子來掩藏食物，因此會有用爪子「埋起來」的動作。即使周圍沒有什麼可以掩蓋的東西，牠們仍然會做出這個動作。如果附近有抹布等東西，牠們甚至會巧妙地將其蓋在食碗上。

打開高級罐頭時貓會吃，是因為「即使沒食慾，只要變換一下眼前的東西牠就會吃」，就像人類即使飽了，也會為了蛋糕再吃一口，有「另一個肚子」一樣。

「在食物上撥砂」這個行為，如果在貓健康的時候就不用特別在意。只要記住貓有時會挑食，等到牠強烈要求食物的時候再給牠吃。這樣，牠就會愉快並且快速地吃完。

在食物上撥砂的行為原因

貓有時會「在食物上撥砂」

埋
埋
埋
這樣
不喜歡嗎？
是不是厭倦了？

貓其實只是沒食慾而已。
撥砂的行為是野生習性遺留下來的。

打開高級罐頭時貓會吃，是因為有像人類一樣「即使飽了，還是會想吃蛋糕」的心理。所以不要強迫牠吃。

聞聞！
這是什麼，
好像很好吃？
有點貴的食物

27 把食物直接吞下去沒問題嗎？

肉食性動物有直接吞下食物不咀嚼的習慣。所以牠們看起來好像沒有好好咀嚼。用臼齒咀嚼並吞下食物的方式，是我們雜食性動物的進食方式。而草食性動物則是透過上下顎的左右移動，將食物「磨碎」後吞下。

當貓打哈欠時，請觀察牠的臼齒。人類的臼齒會呈現像臼一樣的形狀，但貓的臼齒尖端是尖的，並不是適合咀嚼的形狀。接下來，當貓閉上嘴巴時，撬開牠的嘴唇看看臼齒。上面的臼齒朝外，下方的臼齒朝內，呈現「交錯」的樣子而不是像人類的臼齒那樣「咬合」在一起。也正是因為這樣貓就無法好好地進行咀嚼。

貓會用臼齒將肉「咬斷」，直到肉變成能吞嚥的大小，然後就直接吞下去，這是正確的進食方式。臼齒的形狀是專門用來咬斷的，因此尖端是尖的，並且是「交錯」的。這就像人類用門牙把食物咬斷成適當大小一樣。我們的門牙也有尖端，並且是前後「交錯」的。這與用剪刀剪東西的原理相同。

請嘗試給貓一片生魚片。牠會將頭傾向一邊，用臼齒咬幾下，然後吞下去。這兩三下的咬合，是在把食物咬成可以吞下的大小。牠並不是在咀嚼，而是單純地咬斷。由於牠是咬斷後直接吞下，所以貓的進食通常很快就結束了。

由於貓飼料不需要咬斷，現在貓已經很少有機會進行這種「正統」的進食方式，這是件令人遺憾的事情。

為什麼經常不咀嚼就吞下食物？

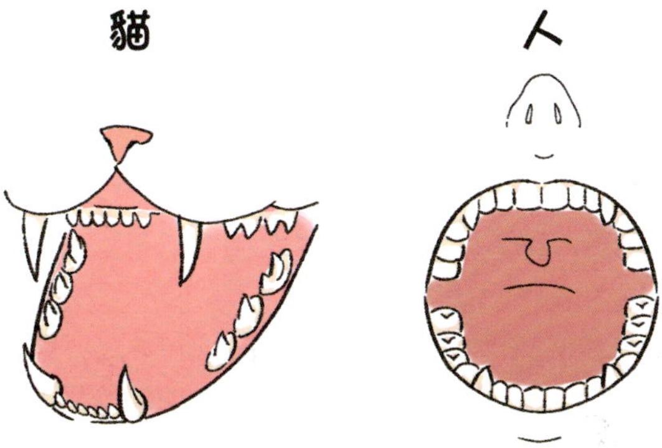

貓的臼齒尖端是尖的。

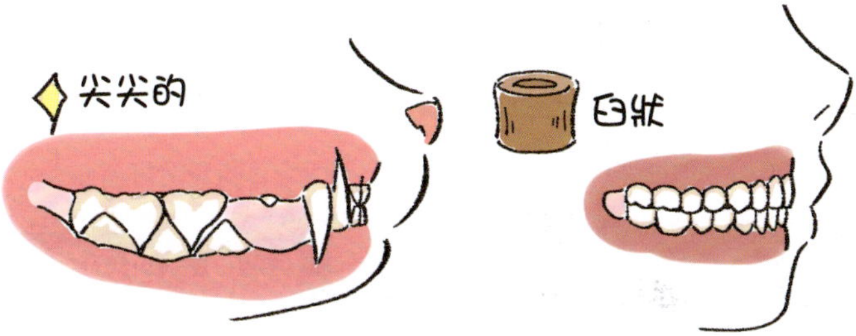

貓的臼齒是交錯的。

跟人類的門牙一樣，像剪刀一樣切東西。

貓把頭傾向一側是為了用臼齒咬斷食物。

Column

從貓傳染給人類的疾病

從醫學角度來看，晚上和貓一起睡覺被認為是不好的。醫生們會說「最好不要讓寵物進入臥室」，因為擔心會有從寵物傳染給人類的疾病（寵物感染症）。然而，實際上，很多人還是和貓一起睡覺。有些人因為沒有「臥室」，在物理上無法實現，但更重要的是，許多人認為和貓一起睡的幸福是無可替代的，事實上大多數人都認為現在停止是不可能的。

那麼，讓我們從現實層面來考量吧。在擁有正確的寵物感染症知識的前提下，可以和貓一起睡。了解有哪些感染症，並知道需要注意什麼是非常重要的。如果有身體不適，應該懷疑是否有寵物感染症，並盡早到醫院就診，告訴醫生自己有養貓。

從貓身上傳播到人類的疾病其實相當多，大約有7種（詳見第92頁）。雖然感染後不會立即變得非常嚴重，但如果抵抗力低，還是有可能引發較重的症狀。人類在40歲左右抵抗力會開始下降，所以應該時刻記住這一點，並平時注重體力鍛煉和健康維護。患有糖尿病或肝臟疾病的人需特別小心，若身體不適，應避免和貓一起睡覺。

在擁有寵物感染症知識並做好足夠的防範措施後，請快樂地和貓一起入睡。貓依偎在手臂上甜甜入睡的模樣，最是可愛。為了守護這份幸福，必須有相對應的準備心態。

寵物感染症的基本知識

感染症是指細菌、病毒、立克次體細菌、原蟲等微生物進入體內所引發的疾病。

並不是所有的病原體都能感染所有動物，這是因為不同的微生物對環境的需求不同。

例如，流感病毒可以在人類、豬和鳥類的體內生長繁殖，但在貓和狗的體內無法生存。因此，貓和狗不會感染人類的流感。

能夠同時感染人類和動物的疾病稱為「人獸共通感染症」。

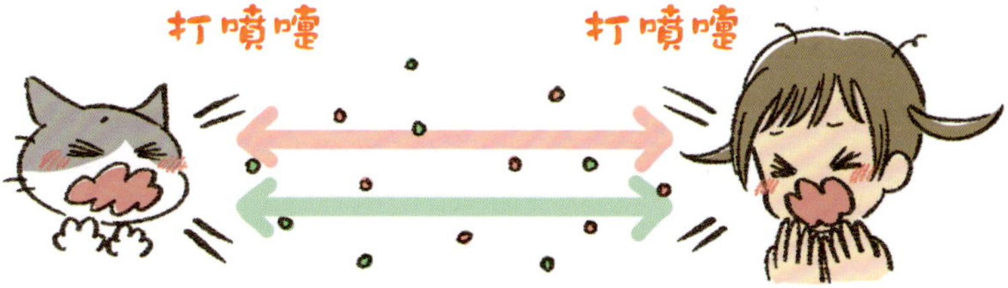

在這些疾病中，從貓、狗、鳥類、烏龜等寵物傳染給人類的疾病通常被稱為「寵物感染症」，主要有大約25種類。

從貓傳染給人的疾病

病名	病原體	感染途徑
貓抓病	革蘭氏陰性菌	透過貓的抓傷或咬傷感染，也可能透過跳蚤的叮咬傷口感染。
Q熱	貝氏考克斯菌（細菌）	不僅是人類和貓，許多動物都可能感染的疾病。感染動物的乳汁、尿液、糞便、胎盤等排泄的病原體會隨著空氣揚起，並與粉塵一同被吸入。
皮膚系狀真菌感染症（真菌症）	皮膚系狀真菌（真菌的一種）	透過抱起或著撫摸感染動物而直接傳染，也可能從感染者傳染給他人造成間接傳染。
疥癬	人疥蟎	透過抱起或撫摸感染動物而直接傳染，或透過床單等物品的間接傳染。
巴斯德桿菌症	敗血性巴氏桿菌等細菌引起	這是許多哺乳類所攜帶的常在菌，貓在口腔內的攜帶率達100％，爪部則約為25％。透過抓傷、咬傷、親吻等方式直接傳染，還有飛沫傳播。
狗貓蛔蟲症	狗蛔蟲、貓蛔蟲（皆為寄生蟲）	透過糞便排出的蟲卵接觸到手指，或是貓舔過肛門後再接觸人類，這樣蟲卵便會進入人體，造成口服感染。
弓形蟲感染症	弓形蟲原蟲（寄生蟲）	感染的貓糞中排出的囊子（休止狀態的原蟲，呈卵形）或是食用未煮熟的感染豬肉等肉類，透過口服進行感染。孕婦感染後，可能會將病原傳染給胎兒。

人的症狀	貓的症狀
受傷後數天至兩週左右，傷口處會腫脹變為紅紫色，可能化膿並排出膿液。附近的淋巴結會腫大並疼痛。全身症狀包括倦怠、發燒、頭痛、喉嚨痛。痊癒後大多良好，但少數情況下會有腦病、腦膜炎等併發症。	即使是帶菌者，也大多無症狀。
約18至21天後發病，通常表現為短暫的發燒和輕度的呼吸道症狀，有時需要治療，也可能出現類似流感的症狀。少數情況下會發展成腦炎或腦膜炎等（急性Q熱）。	大多數情況下會以輕微發燒結束。如果懷孕，可能會導致流產或胎死腹中。
一般稱為「白癬」或「癬」，感染幾乎可能出現在所有部位的皮膚上。症狀包括皮疹、鱗屑、癢感等。根據感染的位置，可能會出現脫毛。	在頭部、頸部、腳部等地方，會出現圓形的脫毛區域，並逐漸擴展開來。
手、手臂、腹部等地方會出現紅斑，並且會非常癢。夜間的癢感特別嚴重。手掌和手指間會出現稱為疥癬隧道的灰白色或黑色線狀的疹子。	耳邊、肘部、腳跟、腹部等地方會形成結痂，並且毛髮會脫落。會引起劇烈的癢感。
約60％是呼吸道感染。通常是機會性感染（只有當免疫力下降時才會發病），症狀從輕微的感冒到肺炎不等。有糖尿病、肝硬化等基礎疾病的人以及中高年人可能會面臨重症的風險。	一般無症狀，偶爾會引起肺炎。
當人類感染後，蛔蟲無法成為成蟲，而是以幼蟲形式在體內移動。蛔蟲可能會移行到視網膜或內臟並造成損害。	可能出現腹瀉、腹痛、消化不良等症狀。
大多情況無症狀，或是會出現輕微的類似流感的症狀。免疫功能低下時，可能引起腦炎、肝炎等，並有可能會重症化。	大多無症狀，偶爾會伴隨發燒或呼吸困難，並引發間質性肺炎或肝炎等。

養成預防寵物感染症的習慣

在前頁提到的寵物感染症中，沒有任何一種是可以透過接種疫苗來預防的。換句話說，預防方法只有兩種：消除病原體，或者是切斷感染途徑。希望大家不會忘記有感染症的存在，並且每天都保持警覺，不掉以輕心。建議將以下的注意事項養成習慣。

①進行跳蚤、蜱蟲、蛔蟲等驅蟲處理，並定期對貓進行糞便檢查。
②勤勞清理貓的廁所，清潔後務必洗手。
③定期清潔房間，盡量避免使用地毯。
④維持良好的房間通風，或安裝具有殺菌效果的空氣清淨機。
⑤為了防止外來病原體，應驅除蟑螂和老鼠。
⑥不要用嘴巴傳遞食物，也不要用食用的筷子餵食。
⑦不要親吻貓。
⑧養成漱口的習慣。
⑨室內飼養的貓要定期剪指甲。
⑩維持自身健康，增強抵抗力。

「我家的貓沒問題」這種想法我能理解，但請再一次讀讀關於巴斯德桿菌症的部分。貓口腔內100％都有這種細菌，雖然貓本身並不會有任何症狀，然而，當抵抗力較弱的人感染後，卻有可能出現嚴重症狀。

貓並沒有任何罪過。避免感染是飼主的責任，這份責任就是對貓的愛。

第3章

貓咪的行為與心情

28 洗臉是以完美的步驟進行的

貓洗臉的時間，大多是在吃完飯後。雖然我們簡單地稱為「洗臉」，但仔細看會發現，最先洗的其實是嘴巴兩側的鬍鬚。貓會先用舌頭舔嘴巴周圍，這時牠會將鬍鬚壓在嘴邊，並進行清潔。貓張開嘴巴並不是為了舔嘴角，而是為了舔到鬍鬚的末端。接下來，牠會用舔過的前爪摩擦鬍鬚，再用爪子舔一遍繼續摩擦，這樣反覆進行。之後，牠會用另一隻前腳以相同的方式清潔對側的鬍鬚。

清理完鬍鬚後，貓便會開始清洗整張臉。由於無法直接用舌頭舔到臉部，牠會用舔濕的前腳來幫助清潔。貓會先舔濕前腳，再用前腳擦拭臉部，然後舔掉前腳上的污垢，接著再擦臉，如此反覆進行。最後，牠會再舔一遍前腳，這樣清潔就完成了。也就是說，貓是透過舔掉污垢來結束整個清潔過程的。這樣的行為並非隨意，而是在一套精確的理論基礎上，以極為優雅而細緻的手法完成的。

貓是以捕殺活體獵物為生，因此進食後不僅是嘴巴周圍，整張臉都可能沾滿汙垢。如果不清潔，便會顯得不衛生。因此，貓在進食後會有清潔嘴巴和臉部的習性。但這種行為還有另一個原因，那就是消除體味。貓是透過伏擊方式進行狩獵的動物，所以牠們非常討厭身上留有異味。因為如果有體味，獵物可能會提前察覺到貓的存在，從而逃之夭夭。

消除體味對於貓來說是一項非常重要的課題。因此，牠們不僅僅是為了清除汙垢，也是為了消除體味，而熱衷於認真地清潔臉部。

進食後的清潔步驟

①清理嘴巴周圍的汙垢。

②清理鬍鬚上的汙垢。用前腳舔濕後揉搓，再次舔濕後揉搓，反覆進行。

③清理整張臉的汙垢。舔濕後揉搓，反覆進行。

④最後舔乾淨前腳結束。用濕潤的前腳清理汙垢，最後將前腳上的汙垢舔乾淨。

梳理毛髮具有放鬆效果

吃完飯後洗完臉，貓會移動到某個可以放鬆的地方，接著開始進行全身的毛髮梳理。牠們會舔背部、舔肚子、舔四肢……這也是為什麼人們總說「貓是愛乾淨的動物」。事實上，這是為了消除體味的日常維護。當貓舔了足夠久，且讓人感嘆「竟然能這樣不厭其煩地舔下去」時，牠們就會突然倒下睡著了。而牠們選擇移動到放鬆的地方，正是為了能夠舒服地小憩。

舔舐身體進行毛髮梳理具有放鬆的效果。因此，在舔的過程中，貓會漸漸感到困倦，最終無法忍耐，便突然倒下睡著了。

舔舐具有放鬆效果這件事並不僅限於貓科動物，所有哺乳動物都一樣。無論是自己舔舐，還是由父母或同伴來舔舐，效果都是相同的。而「舔舐」和「撫摸」在對身體產生的刺激效果上，其實是屬於同一種的肢體接觸方式。

所有哺乳類的孩子都是在父母舔舐或撫摸的陪伴下成長的，這種身體接觸能帶來安慰和放鬆，促進心靈與身體的健康成長。當哺乳類的孩子吃飽並充滿安全感與安慰時，便會安然入睡。而這種情況同樣也發生在貓完成梳理毛髮之後。

透過身體接觸而達到放鬆時，血壓與心跳會下降，而消化液與生長激素的分泌則會增加，這一點已被實證。當一個人處於興奮狀態時，充滿愛意地擁抱他，能讓他平靜下來，這也是身體接觸所帶來的放鬆效果。我們在撫摸貓時會感到放鬆，這是因為撫摸貓的同時，也等於是在給自己進行身體接觸的安慰。

貓身體毛髮的方向

貓身體毛髮的方向會因部位不同而有所差異。
牠們會順著毛髮的方向舔舐。
是因為這樣比較容易舔嗎？
還是因為舔舐才造成了這種毛髮方向呢？

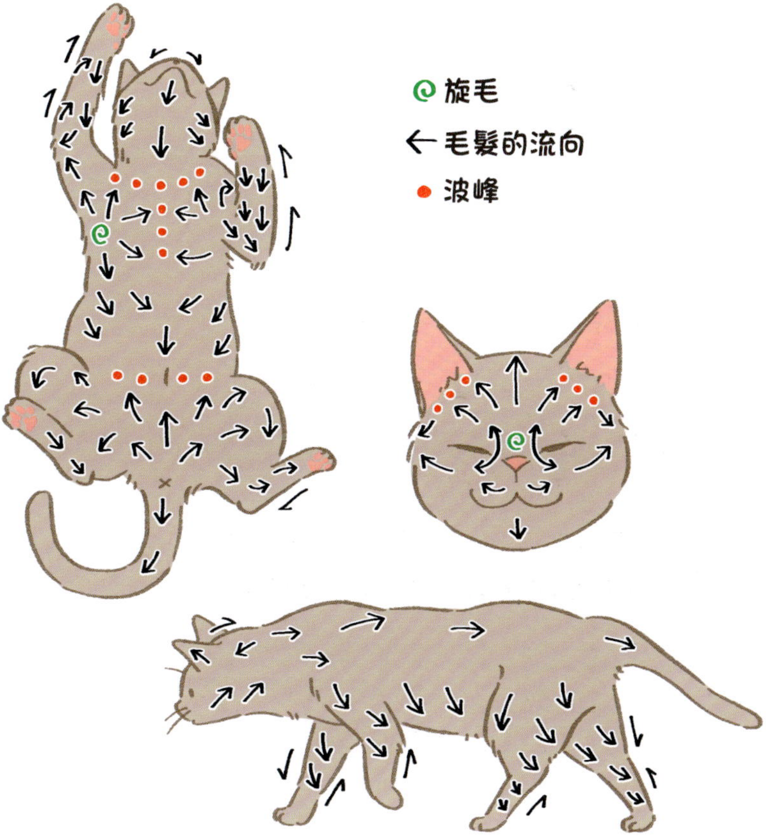

29 被飼養的貓會呈現幼年化的情況

在第16頁中提到，被飼養的貓會一直保持著小貓的心態，正因為保持著小貓的心情，有時候即使長大成人，小貓特有的行為仍然會表現出來。

首先，貓會將尾巴直立向上並靠近主人。這原本是小貓向母貓尋求關懷時會表現出的動作，可能是因為這樣能更容易讓母貓舔牠們的屁股。當貓向主人討食物或希望被抱起時，牠會不自覺地回到小貓的心態，尾巴也會豎起來。

當貓被抱起來時，牠會從喉嚨發出呼嚕呼嚕聲，這也是小貓時的行為。小貓在喝母乳時會發出這樣的聲音，當牠發出這些聲音時，就是回到了當時的情感狀態。此外，貓會用兩隻前腳摩擦人的身體，這也是小貓的習慣。交替移動前腳的動作，其實就像是小貓在吃奶時的動作，這樣能夠讓乳汁流得更順暢，這也是貓回到了吃奶時情感狀態的證據。

貓的踏踏行為不僅限於人類的身體，也會在毛毯上進行這樣的動作。與柔軟物品的接觸可能會引發牠回到小貓時期的情感狀態。有些貓會一邊吸著毛毯一邊進行踏踏的動作。

這可以說是所謂的「返老還童」，但因為被飼養的貓一生都不需要獨立，所以保持像嬰兒一樣的狀態並不成問題。這樣反而更可愛，貓只有在被寵愛時才能真正獲得幸福。因此不用擔心，請盡情享受貓的「返老還童」吧。

被飼養的貓身上保留了小貓特有的行為

這種小貓行為是有原因的。

當小貓想要撒嬌時，牠會立起尾巴靠近母貓。

這樣做能夠讓母貓恰好舔到牠的屁股。

當貓感受到與喝奶時相同的感覺時，就會表現出踏踏的動作。

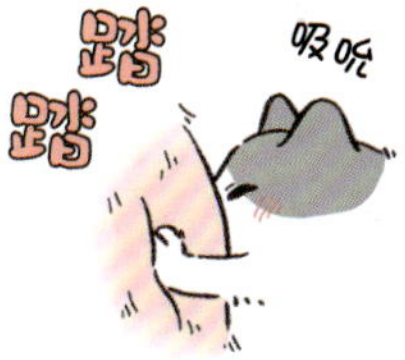

被飼養的貓，即使長大後，仍會做出這些相同的行為。

邊說「好乖好乖」邊輕拍貓的身體，讓牠入睡吧。

30「這是什麼？」然後打了一下

「房間裡總是經過的地方，怎麼會有不常見的東西？平常這裡是沒有這種東西的。這是什麼？」當貓這樣想時，牠可能會做出奇怪的行為。例如當吸塵器放在房間的正中央，或是電視遙控器掉在地上的時候。貓會覺得「雖然不至於害怕，但也不至於忽視，想確認一下，但內心又有些不安」，於是牠首先會伸長脖子，靠近物品，從這邊到那邊仔細打量。「還不確定是什麼」時貓會保持腰部在原位，伸長上半身，一隻手小心地伸出去，啪的一聲拍打那個物品。拍打的同時，牠的手會彈起，停在臉部附近，並且下巴微微收回，眼睛開始眯起來。

貓啪的那一下就是表示「稍微攻擊一下試試」，而「可能會被反擊」的緊張感則表現為手停住、下巴收回和眼睛眨呀眨。當然，「敵人」還是一動也不動。於是，貓就會想「再攻擊一下看看」，這次便開始啪、啪、啪地連續擊打。打完之後，依然是擺出「招財貓」的姿勢，下巴收回、眼睛眨呀眨。即便如此，「敵人」依然一動不動，理所當然地沒有任何反應。於是，貓接著又開始繼續啪、啪、啪…一下又一下地打。

如果此時什麼都沒有發生，貓就會像沒事發生一般地離開，而觀察牠的我們則會笑到肚子痛。在野生時代，牠們可能就是用這種方式強行移動「敵人」，然後根據敵人是否移動來判斷是不是獵物。動物的本能行為在野外通常有明確的意圖，但在現代家庭中，這些行為往往顯得難以理解。

貓突然擊打物品時的心態

比如說，房間裡有吸塵器。

!?
這是什麼啊？
小心翼翼地
哎！
拍
寂靜——
…沒有反應。
但還是好可怕。
招財貓姿勢
這是
吸塵器啦。
拍
拍
再多
攻擊一下吧。
再、再多一點！
拍
拍

31 喜愛的睡覺場所會變來變去

貓的午睡場所，好像總是有一種「潮流」一樣。例如，原本每天都在寵物貓床上睡覺，突然某一天開始，牠就會每天在窗邊的椅子上睡覺。接著又變成每天在玄關的鞋櫃上睡覺。這樣每天變換的情況並不多見。更有趣的是，當這個「潮流」過去後，有時候牠就再也不會使用那個地方，但也不排除再次使用的可能性。雖然可以理解是因為季節的舒適度而改變，但似乎並不僅僅是這樣。到底是有規律還是隨興呢……這點我也不是很清楚。

我所知道的只有一點，就是「只有一個床」是不行的。如果想要提供給貓舒適的睡覺地方，那麼最好在不同的地方設置多個床墊。而且即使「最近這張床不再使用了」，也不能就這樣把它收起來，因為貓可能還是會再次使用。

此外，還需要在各處留出「無用的空間」。如果沒有睡覺的空間，貓就無法自由選擇床墊。因此，書架上最好留出一層空間。也應該避免將東西雜亂地堆放在櫥櫃上。如果貓選擇了這個空出來的空間作為睡覺的地方，記得鋪上毛巾等物品，讓牠睡得更舒適。

順便提一下，床墊或午睡場所上的毛巾等應定期清洗。不僅僅是為了衛生，貓也非常喜歡剛洗過的布料。把洗過的毛巾鋪上去，有時貓就會開始在之前從未使用過的地方睡覺。貓的床墊是影響生活品質的重要因素。

貓會使用多個床墊

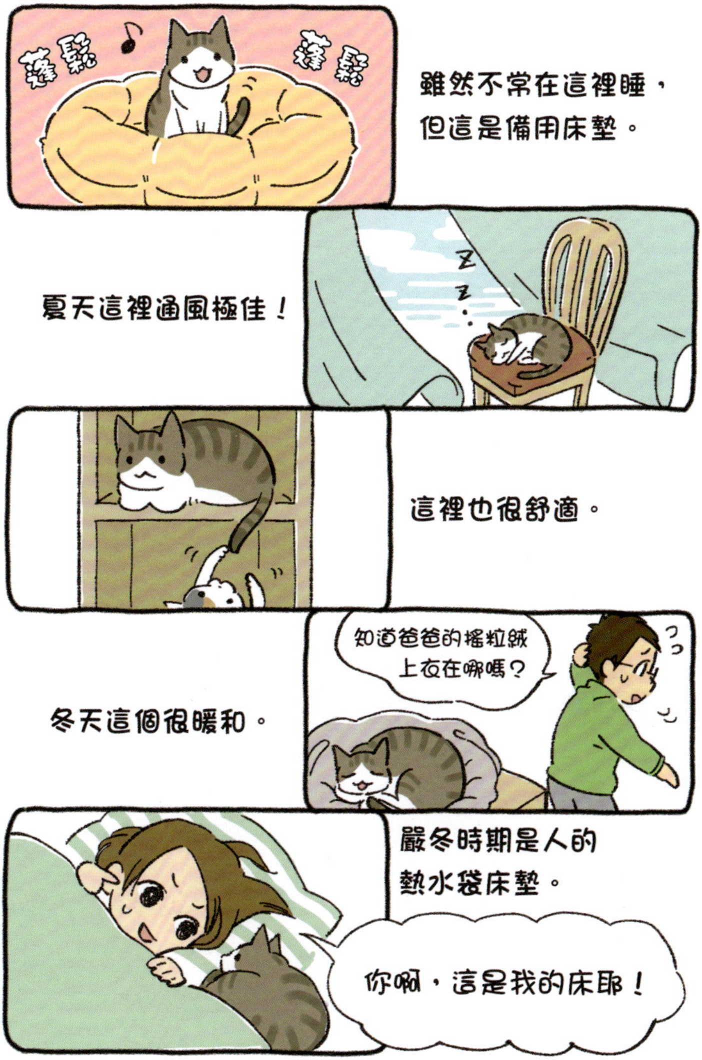
蓬鬆
蓬鬆
雖然不常在這裡睡，
但這是備用床墊。
夏天這裡通風極佳！
這裡也很舒適。
冬天這個很暖和。
知道爸爸的搖粒絨上衣在哪嗎？
嚴冬時期是人的
熱水袋床墊。
你啊，這是我的床耶！

32 貓也會做夢

當貓熟睡時，牠的腳可能會突然不自覺地抽動，有時甚至眼皮和眼球都會跟著微微震動，嘴唇微動，並發出輕小的聲音。最後背部可能也會稍微動一下。這時貓很有可能正在做夢。如果牠發出「嗯～嗯～」等夢話，那就可以確定牠正在做夢。

睡眠有兩種類型：快速動眼睡眠（REM睡眠）和非快速動眼睡眠（NREM睡眠）。簡單區分的話，前者是指身體在睡眠，但大腦保持清醒的狀態；後者則是指大腦處於睡眠狀態，而身體保持清醒。哺乳類動物在睡眠過程中會反覆經歷REM睡眠和NREM睡眠。鳥類以及某些爬蟲類動物，主要以NREM睡眠為主，但會偶爾出現短暫的REM睡眠。

人類在快速眼動睡眠時，閉眼底下的眼球會迅速移動。並且在多數情況下，人們會做夢。REM睡眠的REM是Rapid Eye Movement的縮寫，而NREM睡眠的NREM則是Non Rapid Eye Movement的縮寫。在貓或狗的情況下，不僅眼睛，連腿部和嘴唇也會出現快速移動的現象。實驗結果顯示，貓在REM睡眠時確實會做夢。同樣地，其他哺乳動物也很可能會做夢。

REM睡眠是大腦保持清醒而身體入睡的狀態。正因為大腦清醒，所以會做夢。由於身體在睡眠中，保持姿勢的肌肉會放鬆，因此會無意識地輕微顫動。因為身體在睡眠中，即使觸碰，也很難將其喚醒。

最後，貓究竟會做什麼樣的夢呢？這似乎永遠是個未解之謎。

睡眠中的貓

在快速眼動睡眠中的貓。牠們經常做夢，有時會說夢話。

人類也會在快速眼動睡眠中做夢。

有時，貓會在迷迷糊糊的狀態下逃跑。牠們是否能分辨夢境與現實呢？

33 在半夜打開的「幹勁開關」

動物可以分為夜行性動物和日行性動物，而貓被認為是夜行性動物。不過，說是夜行性，並不代表牠們整晚都清醒。一般來說，夜晚的時候牠們在清醒之間也會偶爾小睡，而白天則是在睡覺之間偶爾清醒。若是放養的貓，到了深夜牠們會外出行動。這是因為牠們的「幹勁開關」啟動了，讓牠們坐不住且無法保持安靜。對於野生的貓來說，正是因為這個開關的啟動，牠們才會有進行狩獵的能量。此外，這種在深夜多次啟動「幹勁開關」的體內時鐘，是貓從祖先那裡一代代繼承下來的特性。

飼養小貓時，牠們常常會在深夜裡大鬧一番，四處奔跑，弄得飼主睡眠不足。這是因為牠們祖輩傳承下來的「幹勁開關」正確地被啟動了。追逐玩耍、假裝打鬥，那股精力完全不是白天可以相比的，簡直就是一場「深夜大運動會」。如果是放養的情況，這股精力便會被用來外出夜遊了。

如果是室內飼養的貓，深夜時牠們也可能會突然伴隨著一聲「喔咕」的叫聲，接著「噠噠噠」地跑起來。不過，隨著年齡增長，「幹勁開關」啟動的次數會逐漸減少。最終，牠們會開始在飼主睡覺時跟著一起入睡，甚至一覺睡到天亮。即使白天已經睡了很久，牠們仍然會陪著飼主睡一樣長的時間。特別是在白天家裡有人陪伴的情況下，這種行為更為明顯。這不僅與年齡有關，更可以說是貓的一種「文化」。牠們會逐漸適應人類的生活作息，並隨之改變祖輩傳承下來的體內時鐘。這說明貓其實是相當高等的動物。

貓的體內時鐘

貓原本的體內時鐘

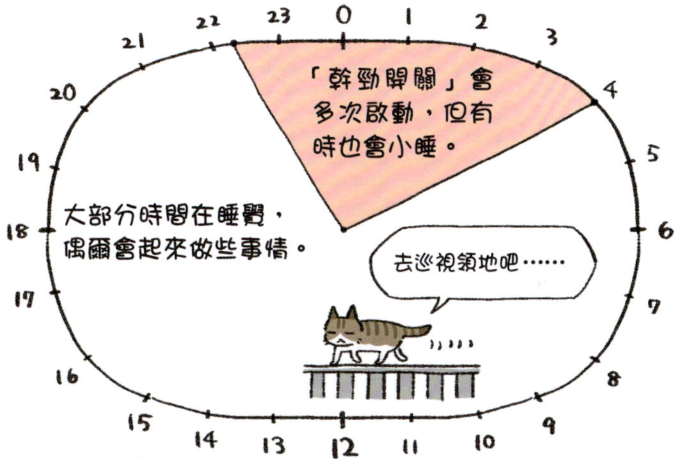
「幹勁開關」會
多次啟動，但有
時也會小睡。
大部分時間在睡覺，
偶爾會起來做些事情。
去巡視領地吧……

室內飼養的貓的體內時鐘

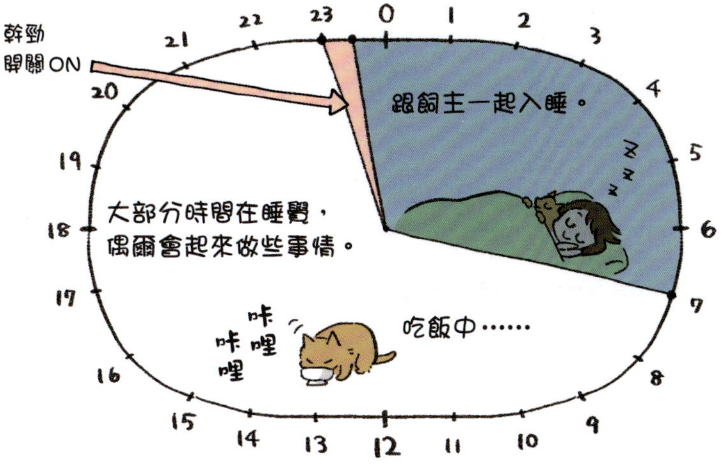
幹勁
開關ON
跟飼主一起入睡。
大部分時間在睡覺，
偶爾會起來做些事情。
咔
哩
咔
哩
吃飯中……

34 上廁所的前後能量全開

觀察在家中飼養的貓上廁所時，你一定會注意到一件有趣的事情：牠們在上廁所前後，會像參加「深夜大運動會」一樣瘋狂奔跑。牠們會突然衝刺起來，讓人忍不住想「怎麼了嗎？」接著便衝進廁所，解決大號或小號。而在事後清理結束的瞬間，牠們又會立刻以「噠噠噠」的速度跑開。甚至有時牠們從廁所衝出來時，用後腳猛力一蹬，連廁所都會被踢得移位。

這究竟是什麼原因呢？可以推測的是，貓在原本的野生環境中，上廁所可能需要耗費相當大的能量。在野外，貓必須離開巢穴到指定的地方上廁所，而在途中可能會遇到各種危險；此外，上廁所的過程中，貓處於毫無防備的狀態，也增加了被襲擊的風險。即使完成如廁後，返回巢穴的途中仍充滿危險。因此，當貓感到「需要上廁所」時，牠們必須具備相當高的動機與「行動力」，才能決心離開巢穴並成功返回。換句話說，對貓來說，上廁所與「行動力」本來就是緊密相連的行為。

放養的貓應該也是依靠「行動力」去上廁所的。要不然，牠們怎麼可能在寒冬深夜還有心情去上廁所呢？但是，室內飼養的貓因為廁所設置在安全的家中，已經不需要那麼多的「行動力」。然而，由於行動力和上廁所是密不可分的一套機制，貓需要透過釋放能量來達到「平衡」。這大概就是貓在如廁前後四處奔跑的原因吧。

隨著生活方式的改變，有些行為可以調整，但也有一些是無法改變的。對於貓來說，這樣的情況似乎也是如此。

前後都是「噠噠噠」

野生的貓從巢穴到廁所的路途中充滿危險；上廁所的過程中處於無防備狀態，回程也必須保持警戒。因此，需要極大的動力與「行動力」能量。

前往廁所的路上，緊張得要命！
釋放能量：「噠噠噠噠噠！」

萬一敵人突然襲擊怎麼辦！
釋放能量：「沙沙沙沙！」

回程也絕不能放鬆警惕！
釋放能量：「噠噠噠噠噠噠！」

室內飼養的貓因為廁所設置在安全的家中，
不再需要「行動力」的能量，且無法完全釋放，
導致牠們用奔跑來平衡能量。

35 上廁所時被看到也無所謂

我們往往會認為，人類和貓都不希望被人看見進入廁所的樣子，但其實這是想太多了。如果真的是這樣，貓在上完廁所後也不會在主人面前大膽地舔自己的屁股。雖然牠們希望能在沒有打擾的情況下安心上廁所，但牠們並不會在意被主人看到。對貓來說，主人並不是一個威脅的存在，因此即使被看到，也不會感到不安。

如果我們認為「貓應該不想被看見」，我們可能會將貓的廁所放在像洗手間角落等「不容易被人看到」的地方，但這樣會讓貓的健康管理變得不夠可靠。廁所是貓健康管理的第一步。僅僅檢查「排泄後」的尿液或糞便狀態是不夠的，排泄過程中的情況也是一個重要的檢查點。為了做到這一點，我們必須把貓的廁所放在能被人看見的地方。

最近有許多貓砂在除臭效果上都非常優秀，因此即使把貓廁所放在客廳角落，也不會因氣味而困擾。建議將貓廁所放置在「可以隨手觀察」的地方，這樣你可以觀察貓進入廁所時的情況、使用中的狀態和使用後的情況。如果不這麼做，最大危險信號——也就是貓進了廁所但什麼也沒排出，將無法被及時發現。

應該將廁所放在一個安靜的地方，這樣貓能夠平靜地排泄，並且這個地方應該是人可見的。最好將廁所放在家人的視線範圍內，而不要放在客人座位的視野內。觀察貓的廁所不僅有助於早期發現疾病，每隻貓都有自己的習慣，觀察的過程其實還是一段相當有趣、令人愉悅的時光。

貓健康管理的廁所觀察

如果貓想尿尿卻無法排出，可能是貓泌尿器症候群等問題，應該立刻帶牠去看醫生！如果努力排便卻沒法排出大便，這也是一個問題。

出不來…

健康貓咪的廁所觀察是…

顫抖
顫抖
搖晃
搖晃
唰—
目光
銳利
緊
繃
哈哈哈哈
嗯
這比不太好笑的笑話
還要更有趣（笑）！

貓很敏感！透過排除法解決廁所問題

貓在選擇排泄場所時有明確的條件，因此基本上很容易訓練牠們使用廁所。只要有放入貓砂的貓砂盆在，牠們就會選擇使用，而不是床或榻榻米。只需引導1到2次，牠們就能輕鬆記住，之後一定會使用貓砂盆上廁所。

然而，有時貓會突然不使用貓砂盆上廁所。牠們可能會在浴室的地墊或床墊上排泄。這就是所謂的廁所問題。即使責罵也完全沒有效果。不僅無效，情況甚至會惡化。解決方法只有一個，那就是找出為何不使用貓砂盆上廁所的原因，並排除這個原因。

貓對排泄場所的條件是很明確的，這也意味著當這些條件不再被滿足時，牠們就不會使用那個地方。那麼，究竟是哪一個條件沒有被滿足呢？這個問題的答案往往比較難以找出，因為有時候條件已經被滿足，而我們卻沒有意識到。

解決的辦法就是一一排除可能的原因。如果認為貓不喜歡某種貓砂，可以嘗試更換貓砂。如果沒有效果，那麼貓砂就不是問題所在。接著，可能是貓砂盆擺放的位置有問題，可以嘗試更換貓砂盆的位置。如果執行後還是沒有效果，那麼就可以排除相對的原因。這樣一步一步地繼續尋找原因。有時候，貓砂盆附近隨意放置的物品可能會讓貓感到不安，因此，即使是微不足道的小事也要懷疑是否有可能是問題的原因。貓其實是非常細膩且神經質的動物。透過細心觀察貓的廁所時間並進行反覆嘗試，便能解決這些困難。

如果發生廁所問題

①絕對不能責罵。貓只會覺得「這個人很凶」。

②可能是因為腳痛，進不去廁所。檢查是否有受傷等情況。

③可能生病了。檢查尿液的狀態和次數。如果發現異常，立刻帶去醫院。

④嘗試排除所有可能的原因。

36 帶回來的獵物不是紀念品

貓的狩獵本能是與生具備且無法去除的。當看到獵物時，牠們總是無法抗拒想要捕捉的衝動。本能是基於能讓動物生存下去的需求，並且當得到滿足時會帶來「快感」，這種快感是促使其進行行為的「獎勵」。例如，當肚子餓時，吃東西會帶來快感。正是因為有了快感，我們才會想要吃東西。如果進食與不快的感覺相伴，沒有人會想去吃。同樣地，對貓來說，捕捉獵物本身就能帶來快感。因此，牠們無法停止這樣的行為。

放養的貓如果在外面遇到獵物，即使不餓，牠也會忍不住去狩獵。當牠看到獵物時，狩獵本能的開關就會被啟動。然而，即使成功狩獵，對於已經在家裡獲得足夠食物的貓來說，接下來「吃」的開關並不會被啟動。於是，會啟動「把獵物藏在安全的地方」的開關。對於家貓來說，最安全的地方就是家，因此牠會帶著獵物回家，但當牠到達家時，「把獵物藏在安全的地方」的本能已經被滿足，且當看到主人後，牠會忘記自己原本想藏起來的念頭，因此會將獵物掉落在地。所以，看似放在主人面前，其實並不是要當作禮物送給主人。

這一點的證據是，當主人想要拿走獵物時，貓會拼命地反抗。當獵物快被奪走時，貓的「這是我的獵物」的本能會再度被喚醒。對於家貓來說，即使本能的開關被啟動，牠的行為過程中往往會中途停止，無法正確地完成狩獵行為。

貓帶回獵物的原因

貓一看到獵物，狩獵本能的開關就會啟動。

如果是野生的貓咪，
接下來會馬上啟動
「吃」的開關。

但如果是已經獲得足夠食物的
家貓，便不會啟動「吃」的開關。
於是……

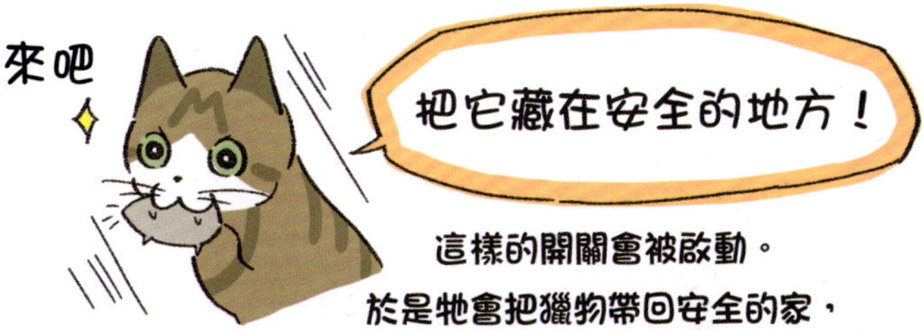

這樣的開關會被啟動。
於是牠會把獵物帶回安全的家，
但並沒有什麼特別的目的。

貓並沒有這樣的意識。

無法進行真正狩獵的貓越來越多

貓天生具有狩獵本能，但並不是一出生就能立刻捕捉老鼠。牠們需要經過練習和訓練，才能夠成功捕獲獵物。

這些練習和訓練正是小貓時期的「玩耍遊戲」。小貓只是在做牠們「無法抗拒」的事情，但在人類的眼裡，看起來只是牠們在玩耍而已。然而，遊戲本來就是在做「無法抗拒」的事情時感到快樂的過程。所有動物都會覺得做對自己有必要的動作很有趣，因此牠們在幼年時會透過「玩耍」來進行這些動作，最終這些玩耍也成為了訓練和練習。

當小貓的四肢變得更加強壯時，牠們會開始追逐或飛撲正在移動的物體。在這過程中，牠們邊鍛煉體力，邊學會掌握跳躍的時機。隨著成長，「遊玩方式」逐漸變得更加高級。牠們開始學會伏擊並悄悄接近，然後跳躍，這些狩獵所需的動作開始變得更加流暢。在野外，這個階段的小貓會開始實際的狩獵，並在反覆失敗中逐漸掌握完美的狩獵技巧。通常，小貓會在出生後的4到5個月達到這一階段。即使是被人飼養的情況下，放養的　也會在外面累積實戰經驗，最初會捕捉昆蟲等小型生物，隨著時間推移，牠們會開始捕捉老鼠和小鳥等。

在室內飼養的情況下，貓沒有機會進行實際的狩獵，因此牠們會停在「實際狩獵」的階段之前。如今，許多貓甚至一生都沒見過老鼠。現代的貓似乎只能將擬似狩獵作為遊戲來繼續進行。

小貓的玩耍遊戲

貓從出生起，就有捕捉
移動物體的衝動。

在嬉戲追逐的過程中，
增強體力並掌握技巧。

漸漸開始進行實際的狩獵。

有些室內飼養的貓，無法實踐
狩獵，因此缺乏相關經驗。

37 沒有意識到自己已經長大了

野生時期的貓會鑽進樹洞或岩縫等狹小的地方休息。即使空間有些狹窄，對於身體柔軟的貓來說並不會感到痛苦。相反地，狹窄的環境反而帶來了安全感，因為比自己大的動物無法進入這樣的地方。而那些比自己大的動物，可能就是會將貓視為獵物的掠食者。

貓喜歡鑽進狹窄空間的習性，即使到了被人類飼養的現在仍然保留著。牠們會鑽進書架等有縫隙地方，用看起來像是很不舒服的姿勢睡覺。另外，對於洞穴般的地方，貓似乎有一種非得進去看看不可的衝動。一旦進去後覺得「還不錯嘛」，牠們就會開始打盹。例如地板上放著紙袋時，牠們也會忍不住鑽進去。在野生時期，貓看到「看起來不錯的縫隙或洞穴」時，總是先進去探索，覺得「挺不錯」後便會小睡，之後將這個地方加入牠們的午睡地點清單中。

除了這種習性之外，貓還有「昨天做過並且安全的事情，今天也會繼續做」的習性。這是因為牠們認為，重複昨天已經證明安全的行為，能夠降低風險。正如第60頁所提到的，貓非常崇尚「安全至上主義」。因此，一旦牠們選定某個地方作為午睡場所，隔天也會繼續使用。當小貓選擇了一個小箱子作為午睡地點後，隔天、後天都會繼續睡在裡面，直到有一天牠們長大了，變得太大而無法進入，但牠們卻似乎並未意識到這點。最後，牠們就會以非常勉強、不自然的姿勢躺在裡面，讓人看了不禁莞爾一笑。

貓喜歡鑽進狹窄空間的原因

狹窄的空間
讓牠們更有安全感。

貓在野生時代，會鑽進縫隙或樹洞中睡覺。

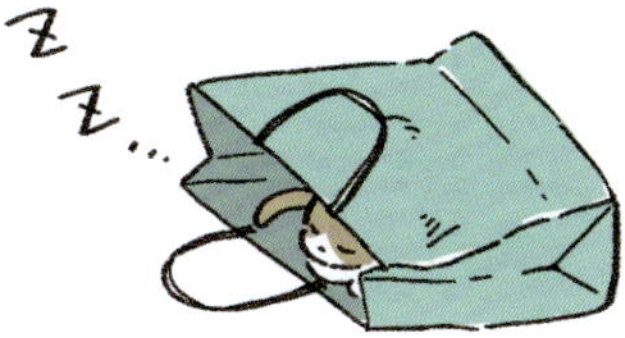
Z
Z…

即使到了現代，這種習性仍然存在。

最愛的地方♡
成長
擁擠

貓有習慣化行為的傾向。

因此，就會發生這樣的情況。

38 貓會用木天蓼之舞來驅趕蚊子

貓在聞到木天蓼的氣味時會變得興奮，躺在地上扭動身體，跳起俗稱的「木天蓼之舞」，這一點自古以來就廣為人知。然而，這種行為的真正意義一直不明。更確切地說，可能沒有多少人認真思考過這個問題。自江戶時代以來，人們就以「給貓木天蓼」這句諺語來比喻極為喜愛的事物。當時人們所了解的，僅僅是有些貓會對木天蓼產生反應，而有些貓則不會。且除了貓之外，其他貓科動物也會對木天蓼有所反應。

然而在2020年，由岩手大學為首的研究團隊認真思考並透過多次實驗，成功解開了這個謎團。研究結果顯示，貓透過將木天蓼中所含的Nepetalactol物質摩擦於身體，來驅趕蚊子。確實，貓在埋伏等待獵物時，隱身於夏季蚊蟲嗡嗡飛舞的草叢中，因此需要驅蚊的對策。然而，令人驚訝的是，Nepetalactol不僅能影響貓的大腦，帶來幸福感，還能讓貓在翻滾扭動時，將這種成分塗抹在頭部、臉部和身體上，達到驅蚊的效果。

木天蓼之舞會使貓進入像喝醉酒一樣的狀態，甚至會流口水，因此有些人擔心它是否具有毒性或像毒品般存在依賴性。為了解答這個疑慮，同一研究小組在三年後進一步研究了木天蓼的毒性與依賴性，並證明了這些問題並不存在。這也意味著，貓的祖先在面對蚊子攻擊時，透過木天蓼的蚊蟲驅避效果獲得了進化。這真是太了不起了。

給貓木天蓼

這句諺語一直被用來形容喜愛的事物，表現出貓喜愛木天蓼的事實。

但具體原因之前並不清楚。

2020 年科學家解開了貓喜歡木天蓼的謎！貓透過把木天蓼擦在身上來驅蚊！

木天蓼之舞只持續五分鐘。

木天蓼的成分帶給貓強烈的幸福感與快感，於是貓會扭動身體讓成分附著在身上→蚊子被趕走。

2023 年時透過進一步的研究顯示，證實木天蓼並不具有毒性或依賴性！

儘管如此，仍有一些貓對木天蓼完全沒反應。

39 貓會磨蹭人的身體代替「不求人」

貓有時會用臉部磨蹭櫃子的角落或椅子的腳上。牠們是在留下自己的氣味。貓的臉頰、下巴和脖子後方有分泌氣味的腺體，當牠們把這些部位摩擦到物體上時，就會留下自己的氣味，並感到安心。

在充滿讓貓感到安心的氣味的地方，牠會更加安心，並再次開始摩擦。這樣一來，牠會反覆摩擦多次，最終在自己的領地內，安心的氣味會變得越來越濃烈。這樣的地方，就成為牠領地的中心，也是牠最能放鬆的地方。

隨著遠離領地中心，貓所停留的時間會變短，因此摩擦的頻率也會降低，氣味也會減少，安心感也隨之降低。而且，貓不會在領地之外的地方進行摩擦，因此不會散發出安心的氣味。所以當貓離開自己的領地時，牠會感到非常不安。除非遇到極為緊急的情況，不然貓不會輕易離開領地。

順帶一提，貓為什麼會在感到安心時進行摩擦呢？可能是因為「氣味腺體的部分會感到癢」。但當牠緊張時會忘記，放鬆時則會想起那種癢感，便會有「想抓癢」的需求，於是會用摩擦某個地方來留下氣味，這樣就能達到抓癢的效果。

既然是為了「抓癢」，那麼貓在人的身體上摩擦也是可以的。換句話說，貓對人類身體的摩擦，其實就像是用「不求人」來抓癢一樣。我們可以當作貓安心的證明，並愉快地當牠的「不求人」。

貓為什麼會一直摩擦呢？

貓的頭部有分泌氣味的腺體，這裡總是會感到癢。

當貓感到安心並放鬆時，牠就會不自覺地想要摩擦某個地方。證據就是，當你為牠抓癢時，牠會非常高興。

40 把尿液當作是名片

相反，當貓感到不安時，也會進行一些氣味標記的行為。像是站著將尿液噴灑到後方牆壁等地方的「噴灑」行為，就是其中之一。當有侵入者進入自己的領地，或去到不熟悉的地方時，貓會透過自己尿液的氣味來減輕不安感。

無論是公貓還是母貓，平常都是坐著排尿，這樣尿液會滲入土壤中。然而，當貓站著並將尿液噴灑到後方時，尿液會沿著牆壁等表面流下，並散發出強烈的氣味。雖然成分與平常的尿液相同，但由於尿液擴散並蒸發，會釋放出更強烈的氣味。其他的貓聞到這股氣味時，據說能夠知道那隻貓的年齡與健康狀況等。貓正是透過這種方式來舒緩不安，並且在牆上留下這股尿液的痕跡，就像是放了一張名片。當牠再次來到這個地方時，牠會想：「這裡我已經熟悉了，沒問題」，這樣貓就會因此感到更加安心。

絕育過的公貓和母貓，噴尿的頻率較低，而沒有絕育的公貓噴尿情況則會更加明顯。這是因為沒有絕育的公貓在發情期間會尋找母貓，牠們有時會走得很遠，一不小心就會發現自己來到了陌生的地方。

隨著室內飼養變得普及，現在的貓在與同住貓相處不和時，會因為感到壓力而更多地進行噴尿這種行為。在這種情況下，即使貓用噴尿來表達自己，也不太可能達到預期效果，因此最好的辦法是考慮透過分開生活區域等方法來減輕貓的壓力。

貓的標記行為

在表面柔軟且爪子容易嵌入的材質上磨爪，這樣可以留下氣味。

用磨爪來留下氣味，留下充滿活力的氣味來向侵入者示威，這種氣味人類是無法察覺的。

貓感到不安時會進行噴尿行為。像是當有侵入者進入自己的領土、或被帶到陌生地方、或與同居的貓相處不和時，也會這麼做。

氣味強烈！據說從這個氣味中可以知道貓的年齡與健康狀態等。

41 容易被誤解的貓的行為

除了到目前為止介紹的行為，還有一些貓的行為容易讓人產生疑問或誤解。我將介紹以下兩個例子。

被窩前的猶豫習慣

冬天的夜晚，貓會來到枕邊，對著人的臉聞來聞去。人們會以為貓是在說「讓我進被窩」，於是會舉起被子邊緣說：「來吧，進來」。然而貓卻只會探頭看進被窩裡，頭上下搖擺著，總看著被窩，猶豫不決。人因為舉著被子的手臂感到疲倦，儘管如此還是忍耐著等待，最終會說：「好了，快進來吧！」然後將貓推進被窩。

為什麼貓會在被窩前徘徊不前呢？大概是因為當牠看到漆黑一片的被窩時，牠會回想起野生時代當遇到洞穴時的行為。貓會心生猶豫，「我想進去，但裡面可能有什麼東西」，所以牠會一邊猶豫，一邊上下擺動頭部，觀察裡面的情況。

即使在文明的環境中，貓依然會表現出野生時代的行為，我認為這正是貓的魅力所在。然而，在冬天的夜晚，舉起被窩不僅讓手臂疼痛，還會冷得無法忍受。如果想要真心與貓好好相處，似乎首先需要增強體力。

即使一邊偷看被窩，卻遲遲不進去，是野生時代的遺留下來的習性。

貓並不會哭

曾經有位朋友和我說過：「給流浪貓食物時，牠一邊流著眼淚一邊吃，那一定是感謝的眼淚吧。」雖然我不想打破這個美麗的故事，但事實上，貓並不是會因為情緒激動而流眼淚的動物。無論是開心、難過還是懊悔，牠們都不會流眼淚。只有人類會因為情感而流淚。如果眼睛流出了淚水，那一定是有其他原因，而非情感。至於那隻朋友餵食的貓，牠的問題是「鼻淚管堵塞」，因此我建議應該帶牠去看醫生。結果那位朋友露出不太高興的表情，說我太冷漠無情。但我相信，比起沉醉於自以為美好的故事，用科學判斷來保護貓的健康才是更重要的。

所有動物的眼睛都會受到眼淚的保護。眼淚是由位於上眼瞼眼角處的淚腺分泌，用來潤滑眼球，最後經由位於下眼瞼內側的淚點，通過鼻淚管排入鼻腔。如果有大量的眼淚無法依照這個流程處理，或者鼻淚管堵塞，就會導致眼淚溢出眼睛。前者是由於人類情感引起的正常現象，後者則是由於某種問題，無論是人類還是動物都有可能發生。那隻流眼淚的流浪貓，可能是因為咬食物時鼻子皺起，導致鼻淚管中的眼淚逆流。

即使鼻淚管堵塞也不會危及生命，但我仍祈禱美麗的誤解不會變成無知後悔。

雖然看起來像是在哭，但可能是鼻淚管堵塞了。

Column

為什麼貓會那麼可愛呢？

狗很可愛，兔子和倉鼠也很可愛。但貓的可愛，與那些可愛稍有不同。所有喜歡貓的人都這麼認為。不過，如果把這個說出來，可能會被說成「喜歡貓的人有點異常」，所以大多數正常的人都選擇保持沉默。

但請別擔心，從科學角度來看，貓確實是特別「可愛」的。牠是一種充滿與其他寵物不同可愛之處的動物。放心地問自己「為什麼貓那麼可愛？」，並真心地去思考這個問題吧。

有一位動物學家曾說過：「哺乳類和鳥類的小孩出生時，會符合一些可愛的條件。」這些「可愛的條件」有四個：①小巧、②圓潤、③柔軟、④溫暖。

「什麼啊，真是無聊」這麼想的人，不妨試著想像一下任何一隻哺乳類或鳥類的小孩。兔子的寶寶、狗的寶寶、山羊的寶寶、鴨的雛鳥、鶴的雛鳥……這些小孩所共同具備的特徵是：①小巧、②體型圓潤，沒有突出的部位、③長著柔軟的綿毛或羽毛、④由於小孩的體溫比成年動物高，所以觸摸起來是溫暖的。這就是所謂的「可愛的條件」。實際上，讓人不由自主地覺得「好可愛啊」的原因，就是這些條件。

而貓的寶寶也符合「可愛的條件」，因此擁有特別的可愛之處。且貓即使長大後，對我們來說仍然保持著「小巧、圓潤、柔軟、溫暖」的特徵，持續符合「可愛的條件」。換句話說，牠們保持著像嬰兒般的可愛條件。所以，牠們才會這麼可愛。

可愛的條件

哺乳類和鳥類的寶寶擁有獨特的可愛之處。

①小巧
②圓潤
③柔軟
④溫暖

當四個條件都具備時，毫無疑問地，會讓人覺得「好可愛～！！」

對人來說，成年的貓也符合「可愛的條件」。所以……

我們因為是哺乳類，所以覺得貓很可愛

那麼，為什麼哺乳類和鳥類的小孩會滿足「可愛的條件」而誕生呢？

哺乳類和鳥類的小孩需要父母照顧才能長大。雖然爬行類和魚類有一些例外，但一般來說，這些爬行類和魚類的小孩在父母產卵後，無需再照顧也能夠長大。然而，哺乳類和鳥類的小孩若沒有父母照顧，肯定會死亡。「可愛的條件」其實是小孩向父母發出的信號，意思是「看吧，我很可愛吧？你一定會想照顧我吧？」

而且，哺乳類和鳥類的大人們，已經被程式化以對這些信號做出反應。因為過於可愛，會讓他們不自覺地想伸出手來，並且想照顧這些孩子。

人類也是哺乳類，因此嬰兒出生時也會滿足「可愛的條件」。而人類的大人會對這份可愛做出反應。這種「想照顧」的感覺，在人類語言中被稱為母性本能。母性本能並非只有女性才有，原本男性和女性都有。只是對於曾經分娩的女性來說，這種本能表現得尤為強烈。

作為同樣是「需要父母照顧才能養育的」動物，我們會對哺乳類和鳥類共同的「可愛的條件」作出反應。所以每當我們看到哺乳類和鳥類的小孩時，誰都會感到「好可愛～」。有時狗會幫助照顧貓的小孩，這也是因為牠們同樣對「可愛的條件」作出反應，覺得「好可愛～」。我們之所以會覺得貓有「與眾不同的可愛」，正是因為我們是哺乳類動物。作為哺乳類，我們會被喚起母性本能。

第 4 章

還有更多！貓咪的真心話

42 害怕和驚慌是迷路的原因

貓是會建立領域生活的動物，這個領域對貓來說是「能夠安心的空間」，這點在第20頁有提到。換句話說，當貓在領域內時，牠可以感到安心，但一旦離開領域，牠就會感到不安。當貓被放進寵物外出籠並帶到動物醫院時，會因為被帶離了自己的領域感到不安而不斷鳴叫。如果在途中不小心把寵物外出籠的門打開，貓逃了出來，牠會因為不安而想找個隱蔽的地方躲藏。這時，牠會完全無視主人的呼喚，因為這就是貓的特性。不一會兒，牠就會衝進某個地方，消失在主人的視線範圍之外。這就是貓迷路的最大原因。如果帶貓旅行，也有可能發生同樣的情況。

除了還沒有確立領地感的小貓之外，當帶成年貓離開牠們熟悉的地方時，必須時刻考慮到會有「逃跑」的風險。確保寵物外出籠的門牢牢關閉，並且不要隨便打開門是非常重要的。

即使貓迷路了，也要考慮到「牠們不會走得太遠」，並從這一點開始搜尋。牠們通常會因為不安和害怕而躲藏起來。請檢查「事件發生現場」附近，是否有貓可以藏身的地方。貓有時會隱藏很長時間，甚至可能幾天都躲在同一個地方，這並不罕見。一旦找到牠，請立刻把牠放進寵物外出籠。如果試圖抱著牠回家，牠可能會在途中再次逃跑，這一點務必特別小心。

陌生的地方會讓貓感到不安，進而迷路

這裡是哪裡!?
車好可怕！！
稍微休息一下吧～
快到了喔♪
啊！！
必須找地方
躲起來！
喵太──！
喵太──！
完全天黑

在領域之外，貓會感到不安和恐懼。

總之，牠會試圖逃跑，尋找可以藏身的地方，而不會依賴主人。

這就是貓迷路的原因。

從窗戶向外看，只是在「監視」而已

在室內飼養的貓有時會從打開的窗戶等地方跑到外面去。許多人在這種情況下會說：「貓逃跑了」。但事實上，貓並沒有逃跑。對於室內飼養的貓來說，家裡就是牠們的領地，也是最安心的地方，因此根本沒有理由要逃到外面去。人們會說「逃跑了」，可能是因為他們認為把貓養在室內就是在「關住」牠們。如果覺得是在「關住」，就會覺得貓是「逃走了」，因此才會去遠處尋找。

但是，其實貓並沒有跑遠。牠們只要踏出家門一步，就等於進入了領地以外的領域，會立刻感到極大的不安，心想「必須找個地方藏起來」，於是會迅速鑽進附近的藏身之處。只要在「跑出去」的地方附近，尋找貓可能藏身的地方，幾乎可以肯定牠就在那裡。

對於室內飼養的貓來說，窗戶和門是牠們領地的邊界線，而內外之間的心理狀態差異極大。當牠們在室內時，感到安心，甚至會想著「要不要出去看看呢？」這在好奇心旺盛的年輕貓身上尤為明顯。然而，一旦踏出一步，立刻就會感到不安，變得不知所措。這就是貓對領地的獨特感知方式。

貓並不會想要逃離有溫柔飼主以及屬於自己領地的家。牠們從窗戶往外看，並不是因為「想要自由」，而只是「在監視領地外的情況」而已。正確理解貓的心理，才能在緊急情況下做出適當的應對。

室內飼養的貓並不是被「關起來」的

從窗戶往外看的貓，並不是在想「想要出去」，只是單純在監視外面的情況而已。

但如果窗戶開著，牠可能會想「稍微出去看看」，尤其是年輕的貓更容易這麼想。

可是一旦踏出家門，馬上就會感到不安。

因為並不是「逃走」，所以貓並不會跑到很遠的地方，而是躲在附近。

43 貓只待在家裡就已經非常幸福

戰後制定狂犬病預防法時，狗被禁止放養，但貓並未被納入此法律的規範。此外，人們長期以來一直期待貓能在家中或周圍捕捉老鼠，因此普遍認為放養是理所當然的。這種觀念導致人們將室內飼養視為「把貓關在家裡」，進而產生「這樣太可憐了」的想法。

狗是喜歡四處走動的遊蕩性動物，但貓則不然。貓本來就是「伏擊型」的獵食者，如果牠們「想要四處走動」，那就自相矛盾了。伏擊需要靜靜地等待，若是總想活動，就無法成功伏擊獵物。貓是如果沒有必要就不想移動的動物。這一點從動物園裡的貓科動物也可以得到證明，牠們總是在睡覺。因為有食物可吃、沒有危險也沒有活動的必要，所以牠們就安心地睡覺。

放養的貓只會在飼主的家、廁所和午睡的地方之間來回移動而已，並沒有特別享受四處閒逛的感覺。如果家裡有舒適的廁所和舒適的睡覺場所，貓根本沒有外出的必要。對貓來說，領地指的是能夠滿足自身需求的空間，只要條件符合，範圍的大小並不重要。家裡有飼主隨時準備的食物，還有安全的廁所與舒適的午睡地點，這樣的室內環境對貓而言可以說是沒有任何不便、堪稱完美的領域。貓僅待在家中就能過得非常幸福。真正的問題在於，飼主如果認為室內飼養是「強迫貓過著可憐的生活」，並懷著罪惡感與貓相處，這種情緒一定會傳達給貓，並對貓產生負面影響。

在沒有必要的情況下，貓不會四處走動

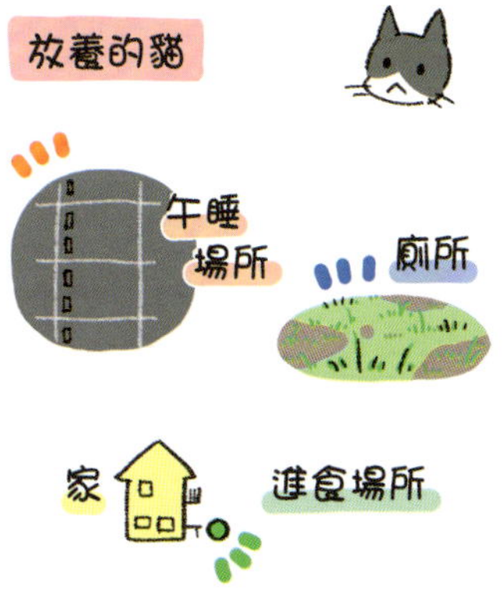
放養的貓
午睡
場所
廁所
家
進食場所

這三個地點相隔不遠。

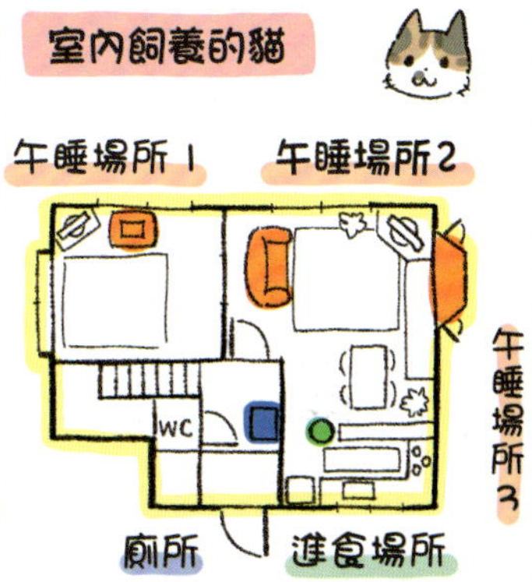
室內飼養的貓
午睡場所1
午睡場所2
午睡場所3
WC
廁所
進食場所

如果這些在家中都備齊，
貓會感到滿足。
這樣反而更輕鬆。

Z
Z
Z

貓本來就不是喜歡四處
走動的動物。

44 搬家也不是問題，但步驟很重要

「狗會跟隨人，貓會跟隨家」，這是從以前就流傳下來的說法。所以有些人會認為，帶著貓搬家可能會很困難。這樣的擔心是基於貓會想要回到原來的家而出走的想法，但這完全不必擔心。貓對家的依附是過去的情況，現代的貓無疑是「跟隨人」的。對現代的貓來說，最重要的是給牠們食物的主人，而不是有老鼠等獵物的「家」。所以無論主人去哪裡，貓都會跟著去。

帶著貓搬家的時候需要考慮的是搬遷的步驟。這包括在搬家過程中，如何處理貓，何時將貓移動等順序。對於室內飼養的貓來說，如果有外人進出，並且窗戶或大門長時間敞開，貓可能會因為恐懼而逃跑；而對於放養的貓來說，當搬家準備好時，貓可能會不見。為了避免這些情況，最好在搬家作業開始之前，將一個房間空出來，並讓貓在搬家當天待在那裡。為了防止意外情況發生，可以把貓放進籠子或外出籠中。為了讓貓習慣外出籠，應該提前將外出籠放在房間裡，讓貓適應。可以將貓經常使用的毛巾或毯子放進外出籠裡，這樣貓可以感受到自己的氣味，會比較安心。如果搬家地點比較近，也可以考慮將貓寄放在動物醫院，直到搬家完成。

根據貓的性格和搬家的情況，最佳的搬家方法會有所不同。但如果等到搬家當天才考慮貓的事情，可能會發生無法挽回的錯誤。因此，事前計劃好搬家步驟並準備妥當，是最重要的。

為什麼貓會說「貓會跟隨家」呢？

以前的貓會在家裡或家附近捕捉老鼠來吃。

對貓咪來說，「家」是個可靠且習慣的狩獵場所。

相比在新搬家的地方建立新的狩獵場所，有些貓可能更希望回到舊的狩獵場所。

現代的貓依賴飼主獲取食物。飼主所在的地方就是牠的家。若被遺棄，牠們就只能迷失在街頭。

搬家是將貓改為室內飼養的最佳時機

抵達新家後，可以按照搬家時的相反順序來進行。也就是說，首先將貓安置在一個房間內並關好門，等家具等物品搬入完成後再把貓放出來。當所有搬家作業結束，外人離開後，再讓貓從房間裡出來。

如果貓因為害怕而不願意出來，請將房間的門打開並保持敞開狀態，讓牠自己慢慢適應。最終，貓會鼓起勇氣走出來，開始探索新家。一旦牠開始探索，請讓牠自由行動。這是讓貓適應新環境最好的方法。

如果您的貓過去是放養的，請趁著搬家的機會，將其改為室內飼養。只要從抵達新家的那一刻起，不讓牠外出即可。長距離搬家更是讓貓適應室內飼養的最佳方式，千萬不要錯過這個機會。

貓在家中四處走動探索，是為了確認新環境是否安全。這是一個建立「新領地」的過程，當牠確認某個地方安全無虞時，那裡就成為牠的「新領地」。如果過去放養的貓完全不被放出屋外，那麼牠的「新領地」將僅限於室內。「過去習慣外出的貓會想外出」這種說法並不正確。請記住，對貓而言，領地的關鍵不在於空間的大小，而在於是否滿足牠所需的條件，這才是最重要的。

最後，為了讓貓儘快適應新環境，家人應該盡量保持平常的生活方式。如果飼主緊張不安，貓也會感到不安。營造與平時相同的氛圍，這才是最重要的。

搬家的步驟

① 考慮如何將貓運送到目的地。

用汽車運送
搭乘電車帶過去
用飛機運送
委託專業業者處理
動物
還是請專業業者比較好嗎……
嗯嗯，

事先查詢費用和相關條件。

② 計畫搬家當日的步驟。

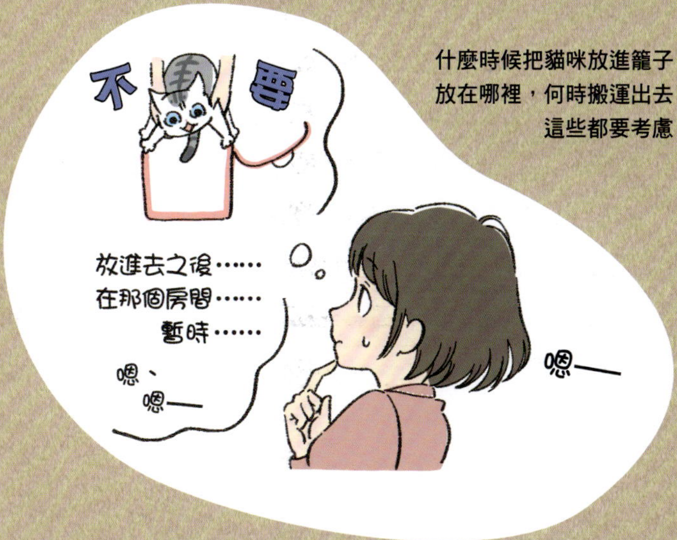
不要
放進去之後……
在那個房間……
暫時……
嗯、嗯—
嗯—

什麼時候把貓咪放進籠子，
放在哪裡，何時搬運出去，
這些都要考慮。

貓的運輸方式

搭乘電車帶過去

在售票窗口購買「隨身行李」的票券並將其掛在寵物外出籠上。在車內不可讓貓離開寵物外出籠，放在膝蓋上可減少晃動。

搭乘公車帶過去

一般市區公車通常不需額外支付隨身行李費用，但應事先確認，高速公車則禁止攜帶寵物上車。

也可以搭乘渡輪，但選擇運輸時間較短的方法會更安全。

搭乘飛機（國內）

如果與人一起搭乘，將作為手提行李處理，會被運送至貨艙，貨艙的空調與客艙相同。航空公司有提供堅固的出租籠，雖可當天申請，但數量有限，建議事先確認費用並提前預約。

也可以僅將貓作為貨物運輸。無論哪種方式，都需填寫誓約書。誓約書可在網路上下載。

也有專門運輸寵物的業者。不過，考慮到貓的健康，最好避免長途運輸。

45 貓會認得自己的父母或兄弟姊妹嗎？

貓能夠意識到自己與父母或兄弟姊妹的關係嗎？如果牠們能夠知道，那麼就是「認識到血緣關係」，而認識到血緣關係意味著貓會知道自己和兄弟姐妹是由母親與父親交配後誕生的，但這對貓來說應該是不可能的。這可能是只有人類的大人能夠認知到的事情。

貓在出生時，只會本能地尋求庇護。無論是對母貓還是人類，小貓只是在向身邊溫暖的存在尋求供庇護和乳汁。在野生環境中，提供庇護的無疑是母貓。如果母貓死去，且人類收養了小貓，那麼小貓會毫不懷疑地向人類尋求庇護。對於小貓來說，無論是誰，最重要的是能夠依賴的存在。

一方面，生產後的母貓會受到荷爾蒙的影響，激起「母性本能」，全力地照顧小貓們。母貓不會意識到「生了多少隻小貓」，更準確地說，牠無法計算具體的數量。只要氣味相同，無論是自己的小貓還是其他的，牠都會毫無區別地照顧。這裡只有「希望被保護的小貓」和「想要保護牠們的母貓」，血緣其實並不重要。

此外，小貓只會把與自己一起成長的兄弟姐妹視為「可以依靠的伙伴」，血緣也不重要。從小一起長大的，無論是否有血緣關係，都會被認為是「兄弟姊妹」。在動物的世界裡，「像親子一樣生活就是親子」、「像兄弟姊妹一樣生活就是兄弟姊妹」，這就是規律。

貓的家庭觀念

動物並沒有血緣或親屬的概念。

無論是誰的孩子，只要像親子一樣生活就是親子。
只要像兄弟姊妹一樣生活就是兄弟姊妹。

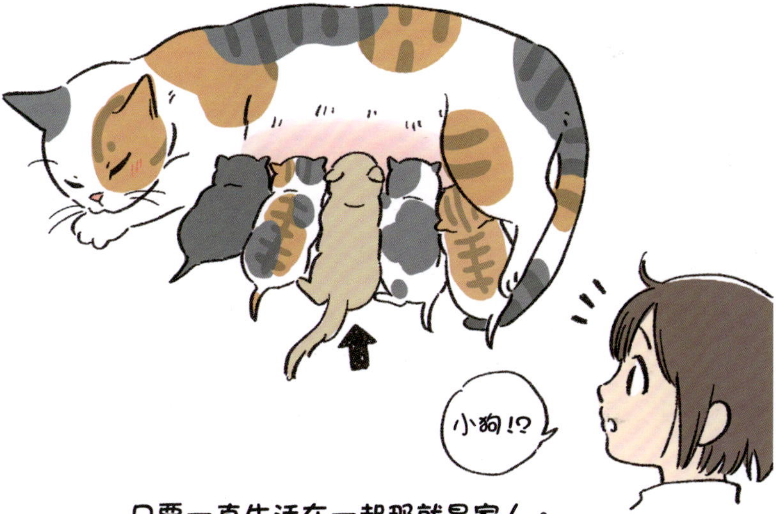

只要一直生活在一起那就是家人。

小貓會有開始認識同伴的時期

小貓大約在出生後１週左右睜開眼睛，接著耳朵的洞也會打開。耳朵從洞打開的時候開始能聽到聲音，但眼睛即使睜開，最初卻只能分辨明暗。大約在出生後兩週左右，小貓才開始能看見物體，並從那時起開始認識周圍的世界。

從那時起，直到大約出生後的７週，小貓會開始認識自己生活的環境。在這個「環境」中，也包括了對「自己夥伴」的認識。這段出生後的２到７週的時期，被稱為小貓的「社會化時期」。

小貓會將在社會化時期中接觸並互動過的動物視為自己的夥伴。常常會看到與狗、小鳥、倉鼠等動物相處得很好的貓，這是因為牠們從社會化時期就開始與這些動物一起生活，或者曾經有過與牠們一起生活的經驗。

貓能夠適應人類，正是因為牠們從社會化時期就開始與人類接觸。如果貓在社會化時期與人類接觸過，牠們會對人類產生親和性；如果在社會化時期與貓、人類和狗一起生活過，那麼就能與貓、人類和狗和諧相處。相反地，若在貓的眼睛尚未睜開之前，只有一隻貓被獨自保護，那麼這隻貓雖然能對人類產生親和性，但通常無法與其他貓和睦相處。

此外，若一隻純粹的流浪貓自幼未與人類接觸，便難以建立深厚情感。即使被收養，也僅視人類為「提供食物、不構成威脅的存在」，通常會維持著保持距離的冷淡關係。因此，「救助流浪小貓最好趁早」的意思，就是指如果錯過社會化時期，貓將難以與人類和諧相處。

貓認識同伴的時期

在小貓出生後的2～7週是牠認識「自己的同伴」的社會化時期。

如果在這段時間內沒有與人接觸，牠將變得會與人保持距離。

只有在社會化時期與人接觸，貓才會變得依賴人類。

如果與多種動物接觸，貓將永遠與牠們和睦相處。

46 有些貓如果單獨飼養會更幸福

在社會化時期與兄弟姊妹一起生活的貓，會成長為性格開朗的貓。這是因為有與兄弟姊妹一起冒險、擴展自己世界的經歷，從而培養出開朗的性格，與將其他貓視為同伴的心態。相反地，沒有與兄弟姊妹接觸的貓，通常不擅長與其他貓建立親密關係，並且往往會成長為稍顯膽小的性格。然而，這些都是貓的個性表現，在與人類的交往中，牠們會各自展現出獨特的一面。開朗性格的貓通常像是博愛的八面玲瓏者，而膽小的貓則會依賴主人，兩者都各自展現出牠們的魅力。

問題在於，飼主認為「只有一隻貓會感到寂寞」，因此決定再養另一隻貓。這對於不擅長與其他貓相處的貓來說，可能會成為很大的壓力。然而，那些將「大家和睦最重要」這種人類標準套用於貓身上的人，往往不會對此有所疑問。但事實上，有些貓被單獨飼養時其實會更幸福，「只有一隻貓會感到寂寞」的想法，僅僅是人類的思維方式而已。

即使感到壓力，貓也不會表現在臉上或態度上，因此飼主常常不會注意到。大多數的情況下，飼主只有在貓開始對床單等物品噴尿時才會注意到，或是在同居貓因住院等原因不在後，貓突然顯得放鬆時才會發現。如果沒有及時發現，作為飼主這也是一種可恥的事情。我們應該正確理解，貓的幸福形態與我們的幸福形態有所不同，並冷靜地思考貓的幸福究竟是什麼。

貓之間的關係會受到社會化時期影響

從出生後第2週到第7週，
小貓會學習許多事物。

在那段時期接觸到的「動物」，會被貓認為是自己的夥伴。

沒有與其他貓接觸過的貓，
不會將其他貓視為夥伴。

如果從小貓時就一起養，
可以一直和睦相處。

初見面的貓相遇時，交給貓咪們自己處理

如果想飼養多隻貓，最好從一開始就一起飼養，而不是中途再增加，這樣比較不會有問題。不過，由於各種原因，有時候已經有貓的家庭也可能會再迎來一隻新貓。如果已知先住的貓喜歡貓，並且迎來的是小貓，那麼基本上不會有問題。牠們很快就會變得親近，開始一起度過生活。

如果新來的貓是成年貓，並且無法理解其小貓時期的環境，那麼可以先試著讓牠與原本的貓見面，然後根據當時的情況來做判斷。當兩隻貓第一次見面時，可能會出現像是打架的情況，但有時候不必把牠們分開，耐心觀察會更好。讓一位熟悉飼養貓的人在場也是一種不錯的選擇。最重要的是觀察貓彼此間的關係，並避免強迫牠們相處。簡單來說，就是把一切交給貓來處理。貓之間的相處，有時會一起睡覺，也有可能會互相威脅或打架，用人類的「感情好」標準來衡量是不合適的。有時牠們可能是「總是在一起」的好朋友，也可能是「雖然在一起，但不會貼得很近」的朋友。相反地，也有可能是「看起來像是好朋友，但其實是互相忽視」的關係。作為飼主，應該尊重貓的方式，而不是強加自己的意願，幫助牠們，而不是干涉牠們的行為。

貓之間的相處有合得來也有合不來的時候，所以可以多觀察幾天情況。如果實在無法相處，最好提前約定可以將牠送回，或者從提供此類服務的地方領養，這樣會比較安心。

增加新貓時

有些貓會立刻和新夥伴玩耍，
特別是小貓。

一開始可能會有威嚇行為，但也有可能逐漸變得和睦相處。
不要立即隔離，而是待在旁邊觀察情況。

不過以防有情況發生，
還是要準備一個可以逃
離的地方。

如果是已經10歲以上的貓，
還是不要再增加新夥伴比較安
全。牠可能只會覺得很煩。

新貓會把對自己注視的目光視為「殺氣」

如果想要收養流浪貓並將其納入家庭，可能要考慮與現有貓的相處的情況。在這種情況下，或許只能設法讓牠們達成某種妥協。

如果新來的貓看起來很害怕，可以準備一個稍大的籠子，讓牠暫時住在裡面。擁有屬於自己的空間，貓會感到安心。這種安心感將有助於牠適應新環境。讓新來的貓透過籠子與原本的貓相處，這樣可以幫助牠逐漸習慣。

在新來的貓適應之前，飼主要注意避免直視貓的眼睛。就像在人類社會一樣，在貓的世界裡，「直視陌生人的眼睛」會被視為充滿敵意的表現。即使是帶著愛意的凝視，也會讓新來的貓感到更加害怕。請在避免與貓眼神接觸的情況下，觀察牠的狀況。此外，在新來的貓附近，保持「裝作無所謂」的態度也很重要。貓以及其他動物的第六感非常敏銳，能夠察覺到人的關注，並且將其判斷為「殺氣」，進而感到緊張。即使是再熟悉的貓，當你試圖給牠吃藥時，一旦你對牠凝視，牠也會立刻逃開，這同樣是因為感覺到了「殺氣」。

在新來的貓附近，儘量放慢動作，並且保持「心不在焉」的氛圍。可以坐在籠子附近，不看貓，隨意發呆或者小睡，這是很好的方法。讓人變得像空氣一樣的存在，這樣新來的貓會感到放鬆。在輕鬆的氛圍中，貓之間也會建立起良好的關係。

恐懼心強的貓要加入時的注意事項

喵…

首先，讓新來的貓在籠子裡生活。

正在睡…
來睡個午覺吧ー

飼主應該在籠子旁邊營造放鬆的氛圍，並在這樣的氛圍中讓舊貓與新貓面對面，這是非常重要的。

當新貓適應後，可以嘗試讓牠從籠子裡出來。如果有需要，應該確保新貓可以隨時逃回籠子。

要不要出來看看？
撲通撲通
飼主必須保持冷靜，避免表現出緊張。

47 貓是沒有競爭意識的

競爭意識是指「想要超越他者，處於更高的位置」的競爭心態。而競爭意識是群體社會所特有的現象。這種意識源於希望透過超越他者來使自己在群體中的位置變得更加有利。

我們人類和狗一樣是群居生活者，群居生活意味著在有著上下關係的秩序中生存。如果沒有上下關係的秩序，社會只會充滿鬥爭並陷入混亂。然而，群體中的下位成員必須對上位成員保持一定的顧慮，並在某些情況下忍耐。因此，如果有機會，他們內心會希望站上更高的位置，從而使自己的立場變得更加有利。這就是競爭意識。無論是人類還是狗，都或多或少有競爭意識。嫉妒、優越感、劣等感等，也是群體生活者的一部分心理。

然而，貓是單獨生活的動物，因此與群體中的排名毫無關係。雖然小貓時期會與母貓和兄弟姊妹貓一起生活，屬於「群體」生活，但這只是從幼小的立場來看親子關係或兄弟姊妹關係，並非成年社會中的上下關係。因此，可以認為貓沒有像人類或狗那樣的競爭意識。同樣地，也可以認為貓不會有嫉妒心、優越感或劣等感。

當養狗時如果飼主沒有成為領袖，狗就會不聽話，這是因為狗會將飼主視為競爭對手。而在這一點上，養貓則不必擔心這種情況。不管怎麼寵愛貓咪，牠們仍然會以小孩般的心態依賴主人，並任性地要求。牠們就是這樣的寵物，飼主完全可以享受並不介意這些任性行為。

競爭意識是群居動物特有的感覺

競爭意識來自對群體中順位的不滿，是想要站在更高位置的欲望。

單獨生活的貓沒有競爭意識，與社會中的上下關係無關。

兄弟姊妹間的力量關係是成長差異的結果

小貓通常會一起出生3到5隻，出生後馬上就會吸母貓的乳頭。母貓的乳頭通常有4對（8個），但是不同部位的奶水流量不同。靠近後腳的乳頭奶水會比較多。小貓們會試圖吸取奶水流量多的乳頭。但是，由於小貓們在出生時的大小和力量有差異，最終體型較大、力量較強的小貓會獲得奶水流量最好的乳頭。就這樣，在出生幾天內，每隻小貓會有自己專屬的乳頭。在小貓的世界裡，力量的關係就是成長的差異。

由於體型大且力量強的小貓會占據奶水流量最好的乳頭，隨著成長，力量差異會變得更明顯。當小貓開始斷奶並離開巢穴時，最大的那隻小貓會率先行動。表面上看，牠似乎像是領導者，但實際上只是因為成長較快，才成為了「帶頭者」。其他的小貓則是跟隨著這隻「帶頭者」行動。

如同在第36頁所述，小貓有「結伴習性」，透過結伴同行，牠們可以在單獨一隻小貓無法克服的情況下，以「大家一起做就不害怕」的心態去完成。這樣的行為有助於擴展小貓們的世界。

如果飼養多隻貓，即使長大後，也會形成類似於小貓時期的關係。換句話說，越是粗暴的貓就越會隨心所欲地行動，而溫順的貓則會容忍這種行為。此外，力量關係會根據不同的日子或具體情況而變化。貓的世界與排名或秩序無關，每隻貓都隨心所欲，根據當天的心情來行事。

兄弟姊妹間的力量關係

貓從出生時起就有大小差異。體型較大的小貓更強壯。

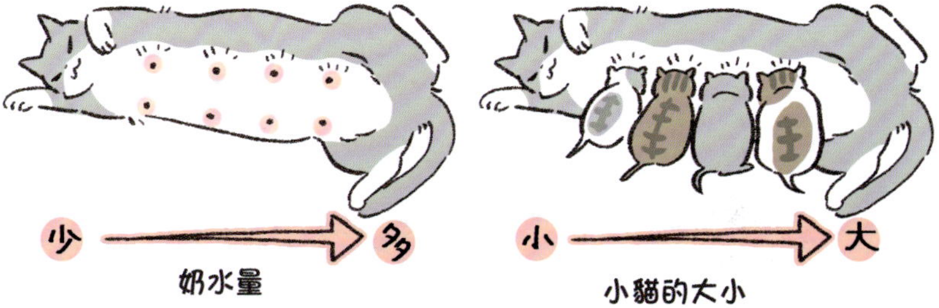
少
多
奶水量
小
大
小貓的大小

奶水量較多的乳頭通常位於靠近後腳的地方，會被體型較大的小貓佔據。

並非領袖，
而是帶頭者。

成長較快的小貓會率先行動。貓的力量關係由成長的差異所決定。

48 貓會巧妙分配並利用不同家庭成員

作為獨居動物，貓並沒有領袖的概念，因此牠們無法理解誰是家中的主人。對貓而言，家裡誰擁有權力並不重要。對牠們來說，最重要的是誰能讓自己過得更舒適。

可以說，貓會根據自己的需求，巧妙地區分並利用家中的每位成員。牠們清楚知道餓的時候該向誰撒嬌才能獲得食物，誰的膝蓋最適合午睡並能提供撫摸，晚上該鑽進誰的被窩才能安穩入眠，想玩耍時又該找誰陪伴。貓會根據自己的需要，去尋找適合的人。

對狗來說，理應受到尊敬的一家之主，對貓來說幾乎毫無用處。這是因為一家之主通常既不會準備食物，也不會陪牠們玩耍，膝蓋坐起來不舒服，睡覺時也不會在被窩裡讓出空間給貓。簡單來說，貓通常無法從一家之主那裡獲得自己需要的東西，因此對貓來說，一家之主是無關緊要的。可以說，貓可能只覺得「只要不來打擾我，一家之主待在家裡也無所謂」，貓就是這樣的生物。

如果一家之主想要得到貓的喜愛，就必須隨時準備食物，只要有空就提供膝蓋讓貓休息，絕對不做讓貓討厭的事情，並且每晚讓出被窩給貓。此外，絕對不能對貓大聲呵斥，這樣一來，貓就會認可主人為「必要的存在」，並充分加以利用。加油吧！

貓喜歡的人

貓喜歡的人是什麼樣的人…

會準備食物的人
媽媽
來吃吧～
喜歡！
會提供舒適午睡場所的人
妹妹
來我腿上坐吧——
喜歡！
可以一起玩耍的人
來吧來吧！
弟弟
喜歡！
被搶被子不會生氣的人
過來吧～
哥哥
喜歡！

也就是說，貓喜歡對自己有利的人。

爸爸
沒有爸爸！

49 即使喜歡貓也有可能被貓討厭的人

有句話說：「貓知道誰喜歡貓」，這句話的意思是，當貓第一次見到一個人時，能立刻分辨對方是否喜歡貓，並迅速親近喜歡貓的人。越是喜歡貓的人，越相信這句話。然而，事實並非總是如此。即使是愛貓的人，也有可能被貓討厭。

原因在於，這些人因為太過喜愛貓，一下子就靠得太近。貓會將這種「來勢洶洶」的行為視為一種威脅。更何況，若是興奮地喊著「好可愛～！」並緊盯著貓的眼睛，帶著強烈的氣勢接近，貓只會認為自己被挑釁，難怪會嚇得逃跑。

通常動作緩慢且不表現出對貓有興趣的人，貓不會從他身上感受到威脅的氣息。這樣的人即使在與貓初次見面的情況下，也能讓貓保持放鬆。總之，若是像空氣一樣的存在，貓就不會感到任何不安。相反地，當有客人急匆匆且迅速地進入房間時，貓會感到恐懼。

雖然貓可能無法理解一個人是喜歡貓的，但牠們能夠立刻察覺到那些不喜歡貓的人，特別是那些對貓感到害怕的人。這些人會散發出「厭惡感」或「恐懼感」。雖然人類無法察覺，但貓可以透過作為動物的第六感來感知。當感受到具有敵意或恐懼的「動物」不知道何時會為了自我防衛而對自己發動攻擊時，貓會認為「這是危險的」，並會想要「趕緊逃跑」。因此，正確的說法應該是「對於不喜歡貓的人，貓是知道的」。

貓知道喜歡貓的人嗎？

即使是喜歡貓的人，有時也會被貓討厭。

那股強烈的能量被貓認為是殺氣。
或者是，

討厭貓的人，貓也會嚇到。牠們能察覺到人類散發的「恐懼感」。

50 隨年齡增長貓所表現出的變化

即使隨著年齡增長，貓仍然看起來年輕，所以人類往往不容易察覺貓的老化。然而，從13到14歲左右，貓會開始逐漸顯現出老化的徵兆。

最初察覺到的變化可能是貓開始不太活動，睡覺時間變長。牠們的好奇心也逐漸減弱，對周圍的事物不再表現出太多興趣，除了吃飯和上廁所的時間，幾乎總是處在睡覺狀態。曾經每次主人回家時都會到玄關迎接的貓，也會逐漸停止迎接。因為聽力衰退，牠們無法聽到開門的聲音。即便主人進入房間，貓可能還是在熟睡，直到主人在牠旁邊叫牠的名字，牠才會抬起頭來，表現出「啊？」的反應。視力也會逐漸退化，但在家裡的生活中，主人可能不太會察覺到。與狗不同，貓即便有白內障，通常也不會很明顯。

此外，貓梳理毛髮的頻率也會減少，牠們不再像年輕時那麼熱衷於舔舐自己的身體。食物的喜好也會改變，牠們可能會開始吃一些年輕時不吃的東西。若出現失智症，貓可能會在半夜跑到廚房的角落大聲叫喚，或者在非廁所的地方小便或大便。

每隻貓的老化現象有所不同，但飼主必須學會應對這些變化。過程中會有很多需要費心的地方，也會讓人感到厭煩。然而，貓依然是以與以往相同的方式生活著，牠們對飼主的依賴心也並未改變。請記住，貓對飼主的愛與過去一樣，仍然在尋求關愛。

年長貓的老化現象

幾乎一直在睡覺，也
不再過來迎接飼主。

不再常進行毛髮的梳理。

對食物的喜好有所改變。

不明原因地半夜
會開始叫。

在廁所以外的地方大小便。

以「無論發生什麼都要快樂」為座右銘

有一些貓能夠準確地使用廁所，但也有一些隨著年齡增長，廁所問題變得越來越多。有時貓會只把前腳放進貓砂盆中，而後腳仍然停留在貓砂盆外面，這樣會導致意外，或是因為體力下降而難以進入貓砂盆中上廁所。重要的是要仔細觀察發生問題的原因，並且根據情況改變為低邊緣的貓砂盆，或嘗試改用寵物尿布墊等方法來改善。不過，與年輕時的廁所問題不同，對於年老的貓來說，有些情況是無可避免的，需要有接受和忍耐的心態。

不只是廁所問題，貓也會在吃完飯後變得更常嘔吐，並且經常弄髒地毯或榻榻米。當你以為打掃已經結束時，卻發現又被弄髒了，這樣的情況會讓人感到沮喪，但請不要責罵貓。牠們並無惡意，這是老化所帶來無法避免的現象。如果不理解這一點，貓會感到委屈的。

改變主意並思考如何有效清潔也是一種不錯的選擇。當你的貓出現廁所問題或弄髒地板時，你可能會迫不及待地想嘗試自己想到的方法。反正要清潔，若能以愉快的心情來做，會輕鬆許多。如果人類看起來很開心，貓也會感到快樂的。希望能以「無論發生什麼事都要開心」為座右銘。

此外，即使貓整天只顧著睡覺，也應該每天抱牠一次。雖然貓不再主動要求「抱抱」，但這並不代表牠討厭被抱，只是因為牠的行動變得緩慢了而已。溫和的親密接觸和交談，會給年老的貓帶來幸福的時光。貓在短暫的觸碰後會感到滿足，然後再回到床上繼續睡覺。這樣就很好。

當貓弄髒地毯或榻榻米時

如果是小的污漬，使用一次性的清潔紙巾來擦拭會比較輕鬆。

如果是較大的污漬，可以先用衛生紙擦拭，然後用熱水沖洗，再用乾布吸乾水分。

※有些地板的材質可能會因熱水而變形，請事先確認。

在容易取得的地方放些報紙，當貓快要大便或嘔吐時，迅速拿出報紙來處理，是最省力的方法。

為了貓的心理健康，每天安排一次親密接觸的時間。

column

貓在死前真的會躲藏起來嗎？

動物在身體不舒服時會想在某個地方靜靜地休息。通常會是在安靜且稍微昏暗，不會被打擾的地方。對於貓來說，這個地方可能是儲藏間的角落或是房子的底下等地方。如果貓在那裡休息幾天後能夠恢復健康，牠會再出來繼續過日常生活。但是，如果牠沒有恢復過來而直接死去，那麼牠的屍體就會一直留在那個儲藏間或房子底下。以前，貓大多是放養的，所以當牠們這樣消失時，飼主可能會覺得「貓去哪裡了？」並且隨著時間的推移而沒有再去注意。後來，在整理儲藏間或重建房子時，貓的屍體會被發現。這時，人們會認為「牠進來是為了死」，而這也就是為什麼人們說「貓會去某個地方等死」或「貓在死前會躲起來」的原因。

當狗感覺不舒服時，牠也會想去某個安靜的地方休息。然而，由於狗通常是被綁住或是室內飼養的，所以牠無法做到這一點。室內飼養的貓也是一樣，當牠感覺不舒服時，會躲到走廊的角落或其他人不會來打擾的地方，靜靜地待著。

然而，這樣的行為只有野性較強的貓會做。最近的貓比較依賴主人，當牠們感到不舒服時，反而有纏著主人的趨勢。而對這樣的貓來說，主人的親密接觸通常會對牠們的康復起到很大的幫助。

真正具有強烈野性的貓，即使平時會撒嬌，但在生病時，卻會拒絕人類的觸碰。當貓生病時，牠們的野性本能就會顯現出來。如果不小心開了窗戶，牠可能會「想去找死」，因此要特別小心。

「貓在死前會躲起來」這句話的由來

以前的貓在感覺不舒服時，會想找個安靜的地方休息。

就這樣在那個地方死去的情況也很常見。

當後來發現貓的屍體時，人們會認為牠們是「去尋死了」。

而因為現代的室內飼養，貓無法離開家，所以即使感到不舒服，牠們還是會待在家裡。

有些貓會對人發火並表現出「不要碰我！」的狀態，但也有些貓會反過來纏著主人。

主要参考文獻

林良博 監修『イラストでみる猫学』（講談社、2003年）

川口國雄 著『老齢猫としあわせに暮らす』（山海堂、2006年）

ブルース・フォーグル 著、加藤由子 監訳
『あなたのネコがわかる本』（ダイヤモンド社、1993年）

増井光子 監修『動物の寿命』（素朴社、2006年）

宮田勝重 著『ネコとつきあう本』（日本交通公社出版事業局、1986年）

ブルース・フォーグル 著、小暮規夫 監修『猫種大図鑑』（ペットライフ社、1998年）

荒島康友 著『ペット溺愛が生む病気』（講談社、2002年）

人獣共通感染症勉強会 著『ペットとあなたの健康』（メディカ出版、1999年）

今泉忠明 著『野生ネコの百科』（データハウス、1992年）

MSD運営「MSDマニュアル プロフェッショナル版」（https://www.msdmanuals.com/ja-jp/）

●作者簡介

加藤由子

1949年出生於日本大分縣，日本女子大學畢業，專攻動物行為學。曾擔任移動動物園、多摩動物公園、上野動物園的動物解說員，之後專注於撰寫與動物相關的書籍。著作包括《雨の日のネコはとことん眠い》（PHP研究所）、《猫とさいごの日まで幸せに暮らす本》（大泉書店）、《イラスト解説 猫のしぐさ解読手帖》（誠文堂新光社）等多部作品。

裝幀　　　渡辺 緑
本文設計　笹沢記良
插畫　　　まなかちひろ
編輯　　　田上理香子

喵星語翻譯蒟蒻

理解貓咪的50個情緒訊號

出　　版／楓葉社文化事業有限公司
地　　址／新北市板橋區信義路163巷3號10樓
郵 政 劃 撥／19907596　楓書坊文化出版社
網　　址／www.maplebook.com.tw
電　　話／02-2957-6096
傳　　真／02-2957-6435
作　　者／加藤由子
翻　　譯／邱佳葳
責 任 編 輯／黃穫容
內 文 排 版／楊亞容
港 澳 經 銷／泛華發行代理有限公司
定　　價／360元
初 版 日 期／2025年７月

國家圖書館出版品預行編目資料

喵星語翻譯蒟蒻：理解貓咪的50個情緒訊號 / 加藤由子作；邱佳葳譯. -- 初版. -- 新北市：楓葉社文化事業有限公司, 2025.07
面；　公分
ISBN 978-986-370-821-6（平裝）
1. 貓　2. 寵物飼養　3. 動物行為
437.364　　　114007278

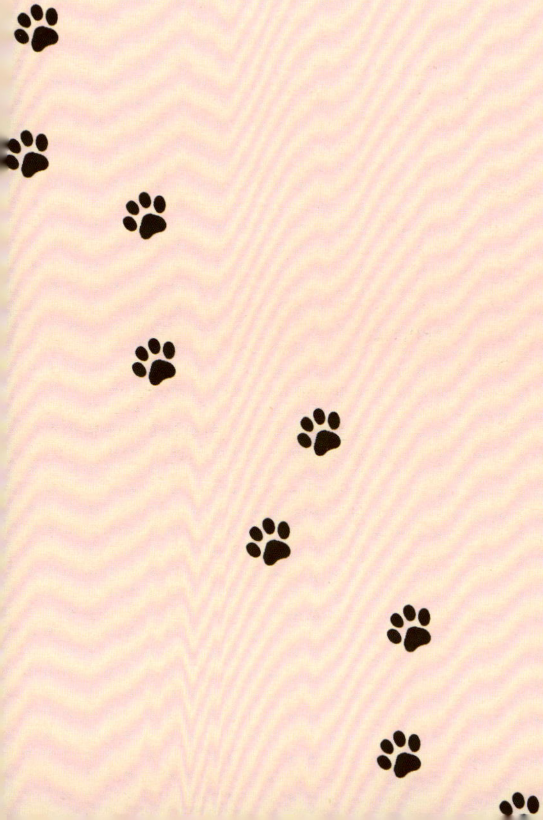

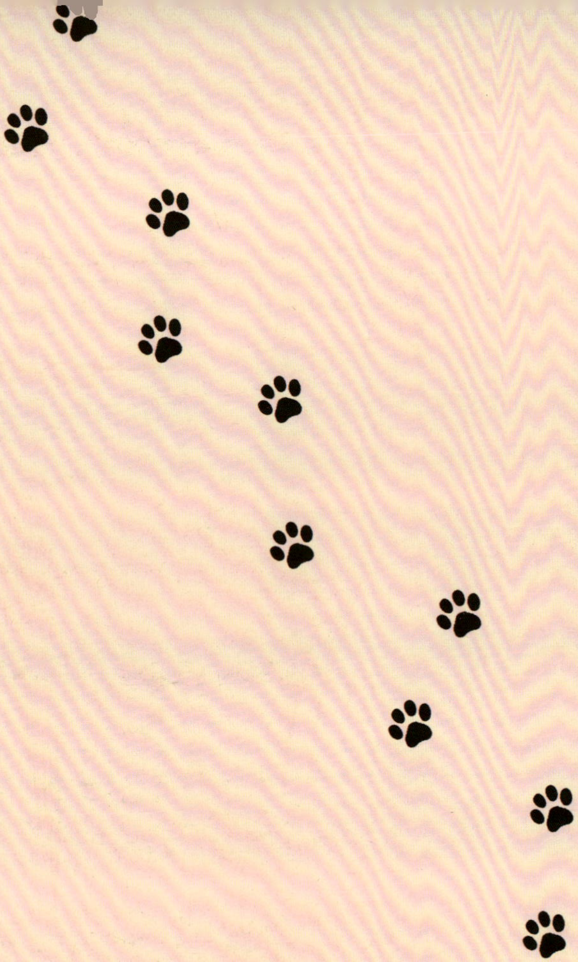